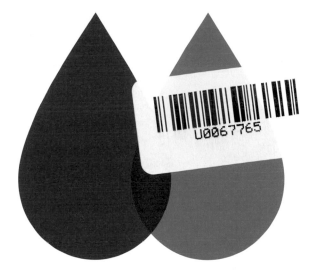

2C and 4C

為什麼印出來變這樣？
設計師一定要懂的印前設定知識

井上のきあ 著／謝薾鎂 譯／海流設計 審訂

TWO COLOR AND FOUR COLOR
PRINTING
GUIDE BOOK

NOKIA INOUE

旗標 FLAG

エムディエヌコーポレーション

2C-4C

TWO COLOR AND FOUR COLOR PRINTING GUIDE BOOK

C M K 1 2

　本書，是一本盡可能將印刷完稿過程相關的多種製作環境類型化，把製作更完善之完稿檔案所需的基本知識彙整集結的入門書。以具備印刷、InDesign、Illustrator、Photoshop 等各種軟體的基本知識為前提進行解說。

　除了本書的內容，製稿時與印刷廠的溝通協調也很重要。仔細確認印刷廠的完稿須知，實際的完稿作業由客人自行承擔責任。還有，印刷廠提供的完稿須知與本書的內容有出入時，請務必以印刷廠提供的資訊為優先。

TWO COLOR AND FOUR COLOR PRINTING GUIDE BOOK

2C-4C

CONTENTS

CHAPTER 1
製作完稿檔案所需的基本知識

1-1
確認所需軟體的特長與版本　14

1-2
完稿檔案與色彩描述檔　16

1-3
選擇 [色彩模式]　20

1-4
設定 [解析度]　22

1-5
認識印刷品的「版」　26

1-6
認識裁切標記　30

1-7
在 Illustrator 製作裁切標記　34

1-8
儲存 PDF 時新增的裁切標記　40

2C-4C
TWO COLOR AND FOUR COLOR PRINTING
GUIDE BOOK

CHAPTER 2
構成完稿檔案的零件

2C-4C TWO COLOR AND FOUR COLOR PRINTING GUIDE BOOK

2C-4C

TWO COLOR AND FOUR COLOR PRINTING
GUIDE BOOK

CHAPTER 4
完稿檔案的儲存與轉存

2C-4C　TWO COLOR AND FOUR COLOR PRINTING GUIDE BOOK

2C-4C

TWO COLOR AND FOUR COLOR PRINTING GUIDE BOOK

C
M
K

關於本書

　　以往需要專業設備才能製作書籍與印製產品，現在由於 DTP 與網路印刷的普及，一般人在家就能輕鬆完成。所謂的「DTP」是「DeskTop Publishing」的簡稱，是指用電腦製作印刷用的檔案(完稿檔案)，然後實際輸出、製成印刷品。而「合版印刷」則是目前許多印刷業者提供的服務，使用者只要透過網路下單、交稿，即可製成印刷品的服務。印刷業者的網站內會明確列出每項商品的費用及印製工時，方便使用者比較與研究，製稿完成即可送印。

　　不過，在製作完稿檔案時，通常會需要具備相當於專業設計師的印刷知識。雖然印刷廠大多會將印刷製稿方法彙整成「完稿須知」並刊登在網站上，或是集結成冊提供使用者索取，但是要能夠讀懂其中的內容，還是必須具備最低限度的印刷知識。舉例來說，使用稱為「裁切標記」的記號來指定裁切線、了解 [解析度] 對圖像品質的影響、全彩印刷使用的油墨有 C(青色)、M(洋紅色)、Y(黃色)、K(黑色)這 4 種顏色等，這些內容或資訊對專家來說都算是基本常識，若在製稿時對這些感到陌生，就有必要先理解熟記。

　　各家印刷廠所提供的完稿須知，如果認真閱讀，似乎也能深入了解印刷的相關知識。不過，不論說明得再怎麼仔細，終究是針對該印刷廠內部機器所寫的最適設定說明，交給其他印刷廠的話，並不一定能夠比照辦理。此外，即使是找同一間印刷廠印，也有一些特例，例如在送印手冊時能以 PDF 格式送印，送印貼紙時卻只能接受 Illustrator 格式，會有這種必須依印刷品種類變更送印方法的狀況。所幸，雖然有各式各樣的狀況，並不代表完稿檔案也要有無限多種製作方法，只要加以分類的話，通常可縮小到一定範圍內。

　　本書基於上述這些狀況，試著收集了許多印刷的基本知識及完稿製作方法，並且加以分類。若能吸收本書中提供的印刷與完稿基本知識，日後即使拿到充滿專業術語且難懂的完稿須知，也可以一看就懂、立即上工。若能牢記製作完稿檔案常見的模式，未來即使印刷廠及印刷品的種類改變，也可靈活應對，製作出易於轉用的檔案。

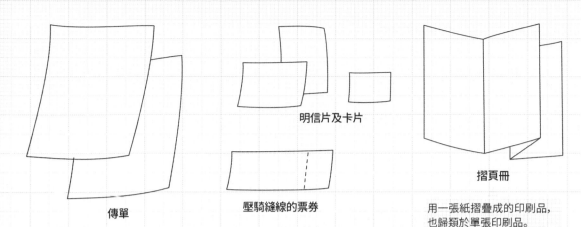

明信片及卡片

傳單

壓騎縫線的票券

摺頁冊

用一張紙摺疊成的印刷品，
也歸類於單張印刷品。

明信片

中心線標記

角線標記

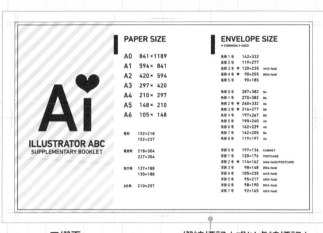

三摺頁

摺線標記（或以虛線標記）

剪裁位置的指定方法，現在雖然是以裁切標記為主流
（第 30 頁），但是也有同時指定裁切標記與工作區域
的功能（第 37 頁）。最合適的方法視印刷廠而定。

工作區域

出血

明信片（正面）

明信片（背面）

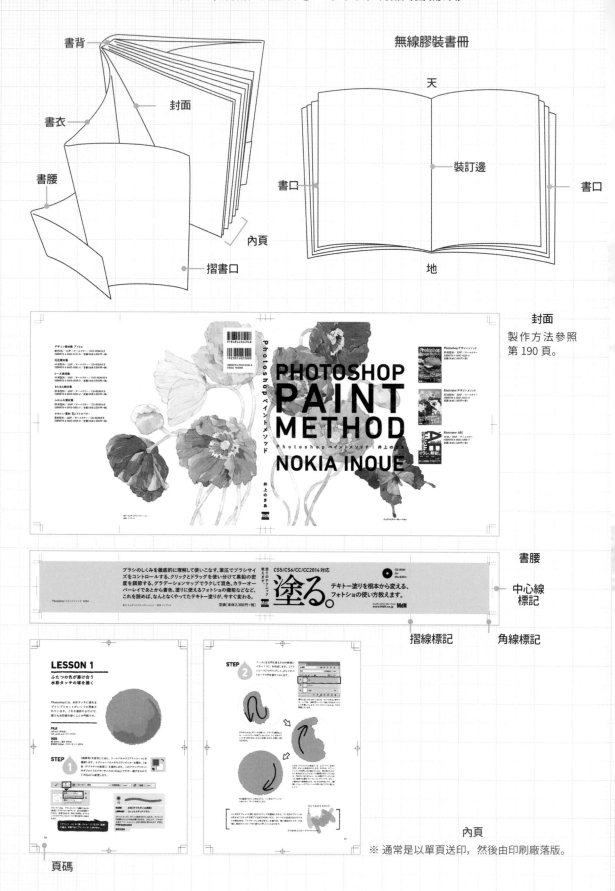

書背

書衣

封面

書腰

內頁

摺書口

無線膠裝書冊

天

裝訂邊

書口

書口

地

封面
製作方法參照
第 190 頁。

書腰

中心線
標記

摺線標記

角線標記

LESSON 1

内頁

※ 通常是以單頁送印，然後由印刷廠落版。

頁碼

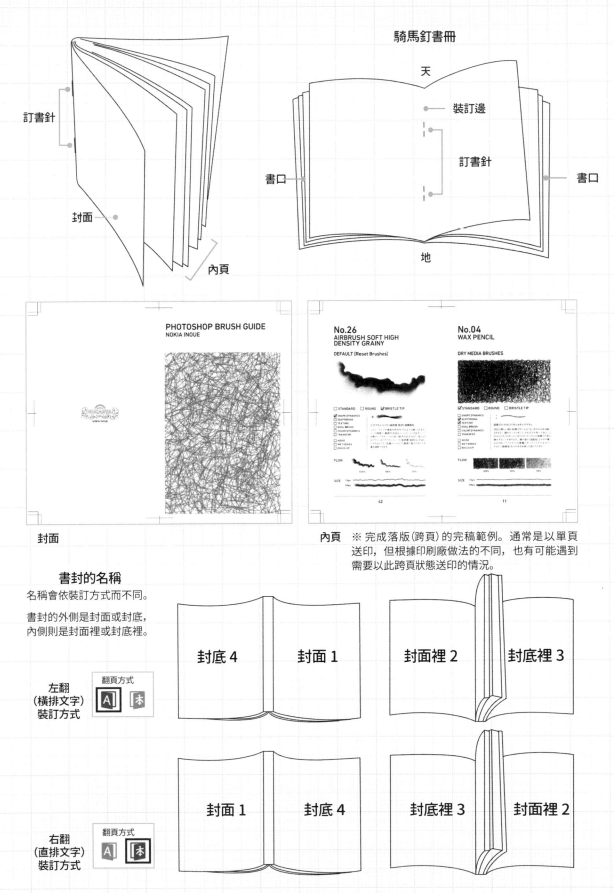

騎馬釘書冊

訂書針

封面

內頁

天

裝訂邊

訂書針

書口

書口

地

封面

PHOTOSHOP BRUSH GUIDE
NOKIA INOUE

內頁　※ 完成落版(跨頁)的完稿範例。通常是以單頁
送印，但根據印刷廠做法的不同，也有可能遇到
需要以此跨頁狀態送印的情況。

No.26
AIRBRUSH SOFT HIGH
DENSITY GRAINY

No.04
WAX PENCIL

書封的名稱

名稱會依裝訂方式而不同。

書封的外側是封面或封底，
內側則是封面裡或封底裡。

封底 4　　封面 1

封面裡 2　　封底裡 3

左翻
(橫排文字)
裝訂方式

翻頁方式

封面 1　　封底 4

封底裡 3　　封面裡 2

右翻
(直排文字)
裝訂方式

翻頁方式

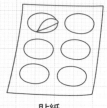

貼紙

店頭 POP 宣傳物

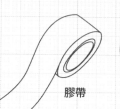

膠帶

光碟圓標

光碟、馬克杯、扇子這類有規定尺寸的印刷品，大多數的印刷廠都會提供設計用的範本檔案。

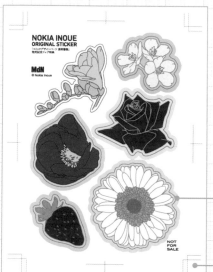

刀模線

底紙用裁切標記

軋型貼紙（附底紙）

製作軋型貼紙時，需要製作刀模線。要附底紙，則用裁切標記設定軋斷位置。刀模線的製作方法請參照第 194 頁。

光碟圓標

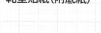

工作區域

杯墊（活版印刷）

活版印刷的製版，大多會考量成本來製作完成尺寸。而裁切標記或工作區域就是用來設定完成尺寸。活版印刷的完稿製作方法請參照第 202 頁。

刀模線

店頭 POP 宣傳物

紙膠帶（尚未設定出血）

是否有設定「出血」，會影響完稿檔案的製作難度。紙膠帶的完稿製作方法，請參照第 198 頁。

CHAPTER

1

製作完稿檔案所需的基本知識

1-1 確認所需軟體的特長與版本

製作完稿檔案時，若能使用 Adobe Illustrator 或 Adobe InDesign 等排版功能強大的軟體來製作，會比較方便。除此之外也有其他軟體可用來製作，不過各家印刷廠可接受的送印格式不盡相同，請務必事先確認印刷廠提供的完稿須知。

製稿萬能的 Illustrator

使用 Illustrator，無論是製作**單張印刷品**★1.、**多頁印刷品**★2.，還是**軋型加工**★3.，各類型的完稿檔案都沒問題。Illustrator 具備可以製作**裁切標記**的選單、可確認色版狀態的 **[分色預視]** 面板、方便製作**刀模線**的繪圖功能等，製稿時必要的功能幾乎一應俱全，可說是萬能的軟體。

Illustrator 可儲存的檔案格式中，常用於完稿的檔案格式是 **Illustrator (.ai)** ★4.、**PDF (.pdf)** ★5.、**Illustrator EPS (.eps)** ★6.。Illustrator 有內建可製作裁切標記的選單，此外在轉存 PDF 檔時也可新增以工作區域為基準的裁切標記。

適用於編排書籍的 InDesign

製作書籍或多頁印刷品時，還是 InDesign 最適用，因為編排書籍的功能相當充實。例如**自動頁碼**、可統一管理版型設計的**主版頁面**，有助於提升工作效率；若是在新增文件時取消 [對頁] 項目，還可製作名片、明信片等單張印刷品。此外也具備匯入試算表軟體資料的功能（資料合併），可用來從資料庫匯入多人資料，一次製作多人的名片。

InDesign 可儲存的檔案格式中，常用於完稿的檔案格式是 **InDesign 格式 (.indd)** ★7. 與 **PDF 格式 (.pdf)**。不過，一般合版印刷或是小量數位印刷的主流方式，是使用 PDF 檔案送印，若直接送印 InDesign 檔案，可能會受作業環境影響，因此有些印刷廠無法受理此格式。而在裁切標記的設定方面，InDesign 與 Illustrator 一樣，在轉存 PDF 時可自動新增裁切標記。

★1. 單張印刷品是指印刷在一張紙上的印刷品，例如：傳單、明信片、海報、摺頁冊等。請參照 P9。

★2. 使用多張紙裝訂成多頁的印刷品，例如型錄、騎馬釘手冊等。請參照 P10。（編註：若是頁數多的書籍、雜誌等印刷品，建議使用 InDesign 較為便利）。

★3. 使用雷射切割及型版將紙張切割加工。若使用稱為「刀模線」的路徑來指定切割位置，可切割成不規則的形狀。請參照 P194。

★4. .ai 是 Illustrator 的原生格式，通用性高。原生格式是指軟體本身特有的儲存格式，可完整保留軟體的編輯功能。請參照 P170。

★5. 完稿用的 PDF。請參照 P144、P148。

★6. 有些情況只能使用 Illustrator EPS 格式。請參照 P180。在該頁中也會解說 Photoshop EPS 格式的儲存方式。

★7. InDesign 的原生格式。請參照 P166（編註：indd 檔並不是完稿的檔案格式，送印時需要將所有連結檔案、字體、圖片等資料封包後，整包交給印刷廠，可參考 P168）。

合版印刷常用的 Photoshop 送印

　　許多印刷廠都有提供**合版印刷**服務（送印後會將多個檔案一起印刷，以分攤版費及印刷費），使用這類印刷方式時，完稿檔案大多可受理**出血尺寸**[8.] 的點陣圖，因此也可使用 Photoshop 來製作完稿檔案。Photoshop 可以儲存的檔案格式中，常用於完稿的檔案格式是 **Photoshop 格式 (.psd)**[9.]、**Photoshop EPS 格式 (.eps)**、**TIFF 格式 (.tif)**。

版本相關注意事項

　　以原生格式送印時，若印刷廠的完稿須知中有註明支援版本[10.]，請確認電腦安裝的軟體版本是否與印刷廠一致。若想知道目前使用的軟體版本，可以在軟體中開啟 [資訊][11.] 或軟體選單[12.] 來確認。

　　軟體版本的編號，是由「**主版本**」與「**子版本**」所構成。**主版本**是 CS6 及 CC2018 等各軟體所分配到的編號，可用最前面的數值來區別。**子版本**則是小數點以後的數值，代表軟體推出後的錯誤修正及新增功能。若完稿須知中有指定版本，不只主版本，子版本也必須和印刷廠一致。

軟體名稱

簡介

主版本
子版本

關於 Illustrator

使用其他繪圖軟體製作完稿檔案

　　有些印刷廠也允許直接送印 [色彩模式：RGB 色彩] 的圖像（稱為「**RGB 入稿**」，「入稿」就是送印的意思）。若是用繪圖軟體「CLIP STUDIO PAINT [13.]」、「SAI [14.]」畫的圖像，或是以「Photoshop Elements [15.]」製作的檔案，由於這些軟體無法用 [CMYK 色彩] 模式編輯，預設會儲存成 [RGB 色彩] 的完稿。

　　若採取「RGB 入稿」的方式，則轉換為 [CMYK 色彩] 的作業是由印刷廠處理[16.]。有些印刷廠會協助使用者套用符合內容的轉換選單，因此在進行大圖輸出時，有些印刷廠會允許直接用 RGB 送印。

★ 8. 出血尺寸：完成尺寸的天、地、左、右都追加出血後的尺寸。

★ 9. Photoshop 原生格式，請參照 P175。

★ 10. 以前可送印的軟體版本大多有限制，若印刷廠使用舊版軟體，可能會無法編輯用新版軟體製作的檔案。但在 Adobe Creative Cloud 推出後，越來越多印刷廠不再設定版本上限了。

★ 11. 使用 Mac OS，請先在 Finder 選取軟體（.app），再從選單列執行『檔案／簡介』命令。

★ 12. 查詢軟體版本時，請開啟 Illustrator，執行『Illustrator／關 於 Illustrator』命令來開啟此資訊視窗。

★ 13. CELSYS 公司開發的繪圖軟體。若需轉存為 [CMYK 色彩]，請參照 P184。

★ 14. SYSTEMAX 公司開發的繪圖軟體。由於無法嵌入 CMYK 色彩描述檔，只能製作 [RGB 色彩] 的檔案。

★ 15. Photoshop 的平價簡易版。

★ 16.（編註）一般並不建議此方式，因為螢幕色彩模式與印刷色彩模式相差甚遠，印出來可能會與螢幕落差很大。

1-2 完稿檔案與色彩描述檔

在製作完稿檔案之前,建議先確認 [顏色設定] 交談窗。這項設定,在開啟檔案或轉換 [色彩模式] 時會有所影響。

關於色彩描述檔

　　色彩描述檔,是指定**色彩如何顯示**的基準。若你習慣使用電腦設定顏色,看到 [R:255/G:0/B:0] 或 [C:0%/M:100%/Y:100%/K:0%] 這類數值,應該會聯想到紅色吧。不過,這些數值並不包含要用哪一種紅色來顯示這類資訊。雖然用電腦設定為紅色,但是在螢幕上要顯示出 [金紅]、更深的 [蝦紅]、或是更淡的 [薔薇色],是由色彩描述檔來決定。

薔薇色

金紅

蝦紅

Adobe RGB 與 sRGB

相關內容 | RGB 送印的特長與注意事項 P178

　　開啟 [RGB 色彩] 的檔案時[*1.],若檔案有嵌入色彩描述檔即可直接使用。問題在於沒有嵌入色彩描述檔的情況要如何處理,若不使用色彩描述檔則無法開啟檔案,因此必須選用色彩描述檔。

　　在軟體安裝後未做過任何變更的情況下,若打開 [顏色設定] 交談窗,會看到 [使用中色域][*2.] 預設[*3.] 的 [RGB] 色彩描述檔是 **[sRGB IEC61966-2.1]**,會以這個色彩描述檔來開啟檔案。此色彩描述檔的色域較小,因此若與原本的色彩描述檔不同,可能會呈現比製稿時的螢幕還深的顏色[*4.]。製作完稿檔案時,為了轉換為適合印刷的 [CMYK 色彩],經常需要開啟 [RGB 色彩] 的檔案,但是若自行從 [RGB 色彩] 轉換為 [CMYK 色彩],是將螢幕上的色彩轉換成使用 CMYK 各 [色彩值] 來處理,若直接轉換的話,印刷後會呈現超乎製作者預期的暗沉色彩。

★1. 完稿檔的色彩描述檔會對印刷品質產生莫大影響,在開啟與檔案本身色彩描述檔不同的 [RGB 色彩] 檔案時,一旦色彩描述檔未嵌入檔案或不明,就會引發問題。本書建議的解決方式,是使用色域更廣的色彩描述檔。

★2. [使用中色域] 是指根據指定的色彩描述檔所建構的色彩空間。Illustrator 中的名稱為 [工作空間],本書中統一稱為 [使用中色域]。

★3. [使用中色域] 的預設值是 [RGB:sRGB IEC61966-2.1]、[CMYK:Japan Color 2001 Coated]。

★4. 如果是在色域廣的色彩空間製成的檔案,卻以色域較小的色彩描述檔來開啟,色彩會有變暗沉的傾向;若是在色域小的色彩空間製成的檔案,卻以色域更廣的色彩描述檔來開啟,色彩會有變鮮豔的傾向。從 [RGB 色彩] 轉換為 [CMYK 色彩] 多少會有顏色變暗沉的現象,因此建議先調整為稍微鮮豔的狀態後再做轉換,讓色域保留下來。

KEYWORD
色彩描述檔

別名:ICC 色彩描述檔、描述檔

將螢幕、印表機等裝置(輸入輸出設備)具備的色域資訊數值化的檔案。此描述檔會固定嵌入圖像的色彩外觀,作為 [色彩模式] 轉換時的基準。Illustrator 中大多會標記為 [ICC 色彩描述檔]。

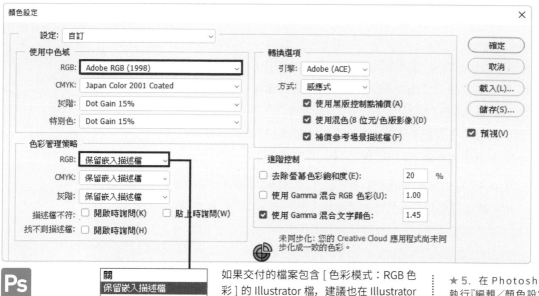

如果交付的檔案包含 [色彩模式：RGB 色彩] 的 Illustrator 檔，建議也在 Illustrator 的 [色彩設定] 交談窗中變更色彩描述檔。

★ 5. 在 Photoshop 執行『編輯／顏色設定』命令可開啟 [顏色設定] 交談窗；在 Illustrator 與 InDesIgn 執行『編輯／色彩設定』命令，可開啟 [色彩設定] 交談窗。

★ 6. 在 [新增文件] 交談窗可設定色彩描述檔。若選 [色彩模式]，會自動設為 [使用中色域]，但如果選擇 [點陣圖]，則會設定為 [不進行色彩管理] 而失去連動。

要變更色彩描述檔，請開啟 **[顏色設定]** 或 **[色彩設定]** 交談窗★ 5.，若將 [使用中色域] 的 [RGB] 欄位改成色域較廣的 **[Adobe RGB（1998）]**，之後開啟未嵌入色彩描述檔的檔案時，多少能避開色彩的暗沉現象。因此建議將 [使用中色域] 變更為 [RGB：Adobe RGB（1998）]。

[Adobe RGB（1998）] 可涵蓋大部分的 [CMYK 色彩] 色域（此色域是印刷油墨可再現的色域）。在 Photoshop 中新增 [RGB 色彩] 檔案時，若能選擇此色彩描述檔★ 6.，即可使用大部分的 [CMYK 色彩] 色域。

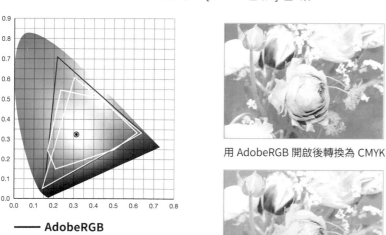

—— AdobeRGB
sRGB
—— CMYK ※ 色域的概念圖。

用 AdobeRGB 開啟後轉換為 CMYK

用 sRGB 開啟後轉換為 CMYK

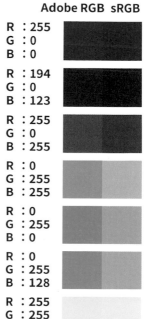

Adobe RGB　sRGB

R：255 G：0 B：0	
R：194 G：0 B：123	
R：255 G：0 B：255	
R：0 G：255 B：255	
R：0 G：255 B：0	
R：0 G：255 B：128	
R：255 G：255 B：0	

sRGB 的藍色到綠色色域小於 Adobe RGB，因此若用此色彩描述檔開啟檔案，藍色及綠色會變得比較淺。右邊的色彩範本，是用 [色彩模式：RGB 色彩] 的數值顏色製成色塊，然後轉換為 CMYK。[R：194／G：0／B：123] 的對應包色為 [M:100%]。

關於 [色彩管理]

即使將 [使用中色域] 的 [RGB] 變更為色域廣的 [Adobe RGB（1998）]，若與原本的色彩描述檔有所差異，開啟檔案後仍可能會看到預期外的顏色。若重新修改 [顏色設定] 交談窗中 [色彩管理策略][★7] 的設定，開啟未嵌入色彩描述檔的檔案時，可以在彈出的警告交談窗中變更。

開啟未嵌入色彩描述檔的檔案，或是 [使用中色域] 設定不同的檔案時，可以在 **[色彩管理策略]** 中指定要套用的方式。預設值是設定為 **[保留嵌入描述檔]** 或 **[保留顏色值（忽略連結描述檔）][★8.]**。若使用這兩種設定，在開啟已嵌入色彩描述檔的檔案時，即使與 [使用中色域] 不一致，也會使用已嵌入的色彩描述檔來開啟檔案，因此只要維持預設值即可。

[開啟時詢問] 與 [貼上時詢問] 預設是未勾選，在這幾個選項中，建議勾選 **[找不到描述檔]** 的 **[開啟時詢問][★9.]** 項目。勾選後，開啟未嵌入色彩描述檔的檔案時會跳出**警告交談窗**，可從中選擇處理方式[★10.]。此外，彈出警告交談窗會讓人意識到尚未嵌入色彩描述檔，製作者也可藉此機會確認設定。不過，未嵌入色彩描述檔的 [CMYK 色彩] 檔案也可送印，因此建議根據作業適度調整設定。

★7. 這個項目的名稱在 Illustrator CC 與 InDesign CC 版本顯示為 [色彩管理規則]。

★8. 在 Illustrator 與 InDesign 中，[CMYK] 的預設值是 [保留顏色值（忽略連結描述檔）]。

★9. 若沒有勾選，未嵌入色彩描述檔的檔案會以 [使用中色域] 的色彩描述檔來開啟。

★10. 若關閉 [色彩管理策略]，即使勾選 [開啟時詢問] 也不會彈出警告交談窗。開啟與原本色彩描述檔不同的檔案時，若儲存時不嵌入色彩描述檔，[顏色值] 本身仍可儲存。若只要調整 [尺寸] 與 [解析度]，可用此方法變更。

[色彩管理策略] 的選項	（警告交談窗的預設選項） 色彩描述檔與 [使用中色域] 不同時	（警告交談窗的預設選項） 未嵌入色彩描述檔時
關	放棄嵌入描述檔（不做色彩管理）◆ 1	（不會彈出警告交談窗，直接以 [使用中色域] 的色彩描述檔來開啟檔案。[資訊] 面板中會顯示「未標記」）
保留嵌入描述檔	使用嵌入描述檔（而非使用中色域）◆ 2	指定使用中 RGB（CMYK）◆ 3
轉換為使用中 RGB（CMYK）	轉換文件顏色為使用中色域 ◆ 3	

※Photoshop 的 [顏色設定] 交談窗的 [色彩管理策略] 區中，彙整了對警告交談窗預設選項所產生的影響。彈出警告交談窗時，即可選擇處理方式。

※[使用中 RGB（CMYK）]，是指 [使用中色域]。

※ 　　　 即使勾選 [開啟時詢問] 也不會彈出警告交談窗，之後無法選擇處理方式，會變成處理方式不明的狀況。

◆ 1：以 [使用中色域] 的色彩描述檔開啟檔案。[資訊] 面板會顯示「未標記」（預設並不會顯示，需開啟 [資訊面板選項] 交談窗並勾選其中的 [文件描述檔] 項目）。

◆ 2：以檔案嵌入的色彩描述檔來開啟。

◆ 3：以 [使用中色域] 的色彩描述檔來開啟檔案。

轉換 [CMYK 色彩] 時的影響

相關內容｜變更檔案的 [色彩模式] P21

　　把 [色彩模式：RGB 色彩] 的檔案轉換為 [CMYK 色彩] 時，**[顏色設定] 交談窗**的 **[使用中色域]** 也會產生影響。舉例來說，設定為 [CMYK：Japan Color 2001 Coated] 時，當 [RGB 色彩] 的檔案執行『影像／模式／CMYK 色彩』命令[11]，會以 [Japan Color 2001 Coated] 為基準來轉換。

　　將 [RGB 色彩] 的檔案置入[12] 到 [CMYK 色彩] 的檔案中時，[使用中色域] 一樣會產生影響。置入的過程中，[RGB 色彩] 的檔案會轉換為 [CMYK 色彩]，此時的轉換基準也是 [使用中色域] 的色彩描述檔。

　　Adobe 軟體 [使用中色域] 的 [CMYK] 預設值，是設定為印刷業界廣泛使用的 **[Japan Color 2001 Coated]**[13]。因此，關於 [CMYK] 的設定，軟體安裝後不刻意變更也沒關係。不過，若是遇到要讓多人共用一台電腦，或設定不明的情況時，保險起見還是建議確認一下。

★ 11. 執行『影像』命令轉換色彩模式會受 [顏色設定] 的控制，若執行『編輯／轉換為描述檔』命令，則可選擇其他的色彩描述檔。

★ 12. 關於置入檔案及圖像請參照 P76。

★ 13. 設定為印刷在光面銅版紙上的色彩描述檔。視印刷品的不同，也有些情況會用 [Japan Color 2011 Coated]。「Coated」是銅版紙，「Uncoated」則是非塗佈紙張，而「Newspaper」則是報紙。

Japan Color 2001 Coated
色彩描述檔

替上圖 [色彩模式：RGB 色彩] 的圖像套用『影像／模式／CMYK 色彩』命令。

轉換為以色彩描述檔 [Japan Color 2001 Coated] 為基準的 [CMYK 色彩] 圖像。

以 [Japan Color 2001 Coated] 為基準進行轉換

以 [色彩模式：RGB 色彩] 製成的 [R：255／G：0／B：0] 紅色塊，轉換為 [CMYK 色彩] 的例子。根據作為基準的色彩描述檔，[顏色值] 也會有些微的差異。若以 [Japan Color 2001 Coated] 為基準，會變成比較淺的紅色。

顏色值

以 [Japan Color 2002 Newspaper] 為基準進行轉換

如果以 [Japan Color 2002 Newspaper] 為基準，會變成接近金紅 [M：100%／Y：100%] 的紅色。

在 Photoshop 中開啟 [資訊] 面板，會顯示游標位置的 [RGB 顏色] 和 [CMYK 顏色]，只要將滑鼠游標移到圖像上，就能預先知道變換結果。這時候的色彩描述檔是以該 [工作空間] 使用的色彩描述檔為準。

KEYWORD
色域

別名：色彩空間

人類眼睛所見的色彩，是基於視網膜上的三種錐狀細胞，分別接收光譜中的紅、綠、藍三色來判別顏色，因此可採取到三個參數。將這些參數分配到（X, Y, Z）的 3 次元座標，形成的立體色彩模型便是色域（色彩空間），現實中並不存在此空間。

1-3 選擇 [色彩模式]

Illustrator 及 Photoshop 在新增檔案時必須選擇適當的 [色彩模式]。
若在作業途中轉換 [色彩模式]，可能會引發出乎意料的顏色變化。

[色彩模式] 與油墨的關係

電腦螢幕是由「**色光三原色**」R（Red／紅）、G（Green／綠）、B（Blue／藍）這 3 種色彩成分來表現。另一方面，一般的彩色印刷，則是由「**色料三原色**」[1] C（Cyan／藍）、M（Magenta／洋紅）、Y（Yellow／黃）加上 K（Key plate／黑）[2] 這 4 種色彩成分來表現。這種色彩表現方法的差異，稱為 [**色彩模式**]。彩色印刷時，指定色彩成分會直接成為油墨的顏色。

Illustrator 及 Photoshop 軟體在新增檔案[3] 時可選擇 [色彩模式] [4]。完稿檔案常用的色彩模式有 [**CMYK 顏色**]、[**灰階**]、[**點陣圖**] 這 3 種。說到 [CMYK 顏色]，容易讓人認為是彩色印刷用，其實若只用 [CMYK 顏色] 的其中一個油墨[5]，也可以製作單色印刷的完稿檔案。

★ 1. 色料，簡單來說就是顏料。

★ 2. 在本書中是使用「C 油墨」、「C 版」等稱呼來指稱「C」、「藍色」、「Cyan」。其他油墨也會採用相同規則予以標記。

★ 3. 在 Illustrator 及 InDesign 中是用「文件」來稱呼檔案。但本書中是統一稱為「檔案」。

★ 4. InDesign 檔案本身並沒有 [色彩模式]。

★ 5. 通常大多是使用 K 油墨。

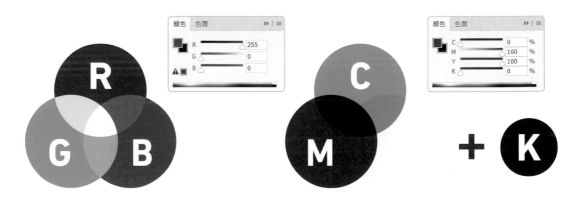

RGB 色彩（色光三原色）

重疊部分會變亮。2 色重疊處分別會變成黃色、藍綠色、紅紫色，3 色重疊處會變成白色。

CMYK 色彩（色料三原色）

重疊部分會變暗。2 色重疊處分別會變成藍、紅、綠色，3 色重疊處會變成黑色。若變成淺黑色，可能會有套印不準的情況，不適合印刷文字，因此印刷時通常會用 K 油墨來表現黑色部分。

KEYWORD

CMYK

別名：印刷色、四色、全彩、彩色

在彩色印刷的領域提到時，是指 Cyan（C）、Magenta（M）、Yellow（Y）、Key plate（K）這 4 個顏色或是油墨。在印刷界大多將「CMYK」稱為「印刷色」。

日本印刷公司「廣濟堂」最近開發出全新印刷技術「Brilliant Palette[*6.]」，他們持續開發著可將螢幕上的鮮豔色彩反映在印刷品上的系統。若能利用這套系統，即使直接用 [RGB 色彩] 完稿送印，也能得到很好的印刷效果，因此彩色印刷的完稿檔案並非一定得使用 [CMYK 色彩] 來製作。只要事前確認印刷廠的完稿須知，或是與印刷廠溝通討論就可以了。

變更檔案的 [色彩模式]

相關內容｜轉換為 [CMYK 色彩] 時的影響 P19

使用數位相機拍攝的照片，或是以繪圖軟體畫的彩色插畫，大部分都是 [色彩模式：RGB]。除非印刷廠支援 RGB 送印，否則在送印前都必須轉換為 [CMYK 色彩]。在 Photoshop 中執行『**影像／模式／CMYK 色彩**』命令可轉換色彩模式，此時會以 [顏色設定] 交談窗指定的 [使用中色域]（色彩描述檔）為基準。日本的印刷品通常是設定為 **[CMYK：Japan Color 2001 Coated]**[*7.]，其他國家則以印刷廠設定為準。

Illustrator 在新增檔案時可選擇 [色彩模式]，因為只有 [CMYK 色彩] 與 [RGB 色彩] 這兩種，完稿檔案選 **[CMYK 色彩]** 就對了。即使選錯成 [RGB 色彩]，只要執行『檔案／文件色彩模式／CMYK 色彩』命令，即可轉換為 [CMYK 色彩]。不過，[顏色值] 會隨之變化，轉換後必須加以確認。

使用 Illustrator 或 Photoshop 時，即使已設定 [色彩模式：RGB]，在 [顏色] 面板仍可能顯示為 CMYK 選色，這點請務必留意。以 [RGB 色彩] 的檔案為例，如果物件的顏色為 [C：0%／M：0%／Y：0%／K：100%] 的黑色，然後將檔案的 [色彩模式] 轉換為 [CMYK 色彩]，則物件顏色會變成 [C：78.5%／M：81.7%／Y：82.5%／K：66.8%][*8.]。雖然顏色看起來沒有太大差異，表現顏色的油墨數量及 [顏色值] 卻有所變化。只用 1 個顏色的油墨來表現，較不會發生**套印不準**的狀況，但若改用 4 色的油墨來表現黑色，可能會套印不準，或是圖案可能會變模糊[*9.]。若是發生套印不準的情況，會讓細小文字顯得破碎而降低可讀性，造成嚴重的問題。因此製作過程中若轉換過 [色彩模式]，即使看起來差異不大，仍須檢查 [顏色值]。

★ 6. 此印刷技術可透過獨特油墨與相應的製版技術，重現出廣色域螢幕上的鮮豔色彩。特別設計的「甜甜圈網點」（同心圓狀網點）可讓油墨填入的範圍變小、而油墨的膜厚相對變薄。如此一來即可重現細緻且具透明感的色彩變化。

★ 7. 預設雖然是這項設定，但有些印刷廠會採用其他的色彩描述檔，建議仔細確認印刷廠提供的完稿須知。另外，文中是日本適用的情況，台灣方面建議詢問配合印刷廠的常用設定。

★ 8. [CMYK 色彩] 的 [C：0%／M：0%／Y：0%／K：100%] 黑色，無法轉換為 [灰階] 的 [K：100%] 黑色。[RGB 色彩] 的 [R：0／G：0／B：0] 黑色，可以轉換為 [灰階] 的黑色。關於不同 [色彩模式] 之間的黑色轉換，請參照 P100。

★ 9. 「套印不準」是指色版未精準對位、錯位的印刷結果。圖案使用的油墨數量若是複數（超過 1 色），則製版時也需要多個色版（參考 P26），如此便有可能會發生套印不準的情況。

在設定為 [RGB 色彩] 的 Illustrator 檔案中，繪製 [C：0%／M：0%／Y：0%／K：100%] 的黑色色塊，顏色值如左圖。若執行『檔案／文件色彩模式』命令轉換為 [CMYK 色彩]，則該黑色色塊的顏色值會變成右圖的狀況。

用 [RGB 色彩] 設定 　　　　　　　 轉換為 [CMYK 色彩]

顏色值

1-4 設定［解析度］

［解析度］是表示文字或圖案細緻度的數值，對印刷品的品質有極大的影響。印刷品適合的［解析度］，會依［色彩模式］的設定及印刷品的種類而有所差異。解析度太低會讓成品顯得粗糙，但是解析度若高過特定值也無法獲得相應的效果，甚至還可能妨礙作業進行。

完稿檔案適合的［解析度］

相關內容｜［色彩模式］與油墨的關係 P20

　　［**解析度**］是表示點陣圖[★1.]中**像素（pixel）密度**的數值。單位一般是「**dpi（dot per inch）**」，但 是 Adobe 軟 體 使 用 的 是「**ppi（pixel per inch）**」，因此本書是用「**ppi**」來標示。印刷品最適合的解析度，會隨著［**色彩模式**］而改變。如果是 [**CMYK 色彩**] 及［**灰階**］的圖像，最佳解析度大約是 **300ppi 到 400ppi**[★2.]。總之若沒有特別要求，用 **300ppi** 以上製稿應該就不會有問題。日本印刷品要求最適［解析度］是「**網線數的 2 倍**」，日本一般彩色印刷機使用的線數是 **175 線**[★3.]，所以會將解析度設為該網線數的 2 倍，也就是 350ppi（編註：台灣送印時通常使用 300ppi 即可）。

　　如果選擇［**單色調**］（黑白）色彩模式，適合的解析度則稍微偏高，大約是 **600ppi 到 1200ppi**。這是因為單色調（黑白）影像只用黑白二色的像素來構成，不像［灰階］一樣有在黑與白之間填補灰色像素。為了更細膩地表現文字與圖案，會需要較多的像素。

★ 1.「點陣圖」是指由顏色像素的集合體所構成的圖像。

★ 2. 如果是製作大尺寸海報，由於用途是從遠處觀看，解析度更低也沒關係。編輯高解析度的大型影像時，由於檔案較大，電腦可能會跑不動，有時必須降低［解析度］才能作業。

★ 3. 網線數（每英吋網點的列數）也依紙質而異。例如報紙的紙紋較粗，所以使用 60 線到 80 線的偏低線數。日本的特別色印刷通常是使用 133 線來印刷，因 此 最 適 解 析 度 為 266ppi（編註：台灣無此習慣）。

CMYK 色彩（350ppi）

灰階（350ppi）

單色調（1200ppi）

※ 下排的圖像是放大 500%。［單色調］的圖例是用 CLIP STUDIO PAINT 製作的。

在 Photoshop 新增檔案時設定 [解析度]

設定 [解析度] 的時機會隨軟體而改變。Photoshop 的檔案 [解析度]，是在**開新檔案時**設定。用 Photoshop 製成的圖像，可以置入 Illustrator 或 InDesign 的檔案，也可以直接當作完稿檔案[4]，無論哪一種用途，都必須以**原寸**且設定最適合的 [解析度] 來設計[5]。置入圖像後，若縮小圖像則 [解析度] 會變高、若放大圖像則 [解析度] 會變低[6]，因此，若不確定 [尺寸]，建議設定為大於原寸的 [尺寸]。

Illustrator 及 InDesign [解析度] 的影響

Illustrator 或 InDesign 的檔案，並不需要特別設定 [解析度]。像是路徑及文字等向量物件，不必特別設定也可輸出高解析度圖像。不過，如果在該檔案中有置入**點陣圖**、[陰影] 等**以點陣效果產生的像素**、或是可能會被平面化[7]的**透明物件**等，都會受到 [解析度] 的影響。

★ 4. 以 Photoshop 檔案 (.psd) 直接送印就稱為「Photoshop 送印」。請參照 P175。

★ 5. 最適合的解析度如上頁的說明，[CMYK 色彩] 及 [灰階] 色彩模式 的 影 像 是 350ppi，而 [點陣圖] 是 600ppi。

★ 6. 將圖像尺寸放大時，圖像中的像素密度會被稀釋，因此解析度會變低。部分編修軟體例如 Photoshop 會在放大圖像時插入一定的補間像素來修正，最多放大至 120% 左右尚可使用。不過，圖像可以放大的前提是原寸圖片有達到最適 [解析度]。

★ 7. 關於透明度平面化請參照 P80。

KEYWORD 解析度	別名：圖像解析度 每 1 英吋（inch）中的像素（pixel）數量。可測量圖像的細緻度。像素數量愈多，圖像愈精細。
KEYWORD 網線數	每 1 英吋（inch）中排列的網點數量，也就是印刷的精緻度。單位是「lpi（line per inch）」。可作為設定最適 [解析度] 的標準。
KEYWORD 點陣效果	在 Illustrator 內以點陣效果產生出來的像素。包括『效果／風格化』子選單中的 [羽化]、[陰影]、[內光量]、[外光量]，以及 [SVG 濾鏡]、[Photoshop 效果]。

Illustrator 在**新增檔案時**★8. 必須設定 [**點陣特效**] 這個項目，這會影響之後在檔案中編輯 [陰影] 或 [Photoshop 效果] 等產生像素的效果（**點陣效果**）時的 [解析度]，通常會設定為 [**高 (300ppi)**]。另外，檔案建立後，執行『**效果／文件點陣效果設定**』**命令**也可變更此設定。若遇到 [陰影] 等點陣效果的解析度偏低的狀況，只要試著重新調整此項設定即可解決。

另一方面，如果是使用 InDesign，則無法設定點陣效果的 [解析度]★9.。

★ 8. IllratorCC2018 之後的版本中，[新增文件] 交談窗的設計有改變。要開啟舊版 [新增文件] 交談窗來設定時，需按下 [更多設定] 鈕。接著會彈出和下圖相同的交談窗，但名稱會變成 [更多設定]。

★ 9. 在 InDesign 中若發現 [陰影] 等效果以低解析度呈現，可能是因為顯示效能的設定。執行『檢視／顯示效能／高品質顯示』命令，即可以高解析度呈現。

若設定 [描述檔：列印]，會自動套用設定如 [單位：公釐]、[色彩模式：CMYK]、[點陣特效：高 (300ppi)]。

[點陣特效] 與 [文件點陣效果設定] 交談窗中的 [解析度]，是相同的設定項目。

若選擇 [其他]，可自行指定 [解析度]

要開啟上圖這個交談窗，請執行『檔案／新增』命令，按下 [新增文件] 交談窗中的 [更多設定] 鈕即可開啟。

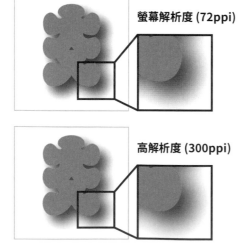

螢幕解析度 (72ppi)

高解析度 (300ppi)

[文件點陣效果設定] 中的 [解析度]，會成為陰影或光暈等點陣效果建立後的 [解析度]。若設定為低解析度，會形成色階差異明顯的漸層。

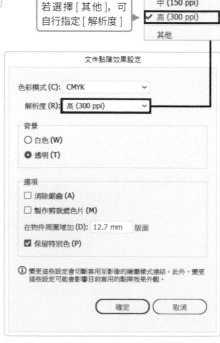

要開啟上圖這個交談窗，請執行『效果／文件點陣效果設定』命令即可開啟。

轉存或儲存時設定 [解析度]

相關內容 | 在【進階】區設定字體與透明度相關選項 **P157**

在 Illustrator 或 InDesign 中製作的檔案，若以不支援透明的格式儲存，則**透明物件與受其影響的部分會平面化**[★10.]。P80 會說明理由，這種情況下的 [解析度]，會受到 **[透明度平面化預設集]** 設定的影響。若原本設定為 [低解析度]，就會轉換為低解析度的圖像。

★ 10. 透明物件其實有很多，包括使用 [色彩增值] 等透明效果的物件、具有透明度的置入圖像等。其他如 [羽化]、[陰影] 等點陣效果也具有透明效果。

儲存檔案時交談窗中顯示的 [預設集] 選項，可在 [透明度平面化預設集] 交談窗管理。若要開啟這個交談窗，無論在 Illustrator 與 InDesign，都是執行『編輯／透明度平面化預設集』命令。

[透明度平面化預設集]，是在轉存或儲存時設定[★11.]。跟 [文件點陣效果設定] 的 [解析度] 一樣，並不是在檔案本身進行設定。

儲存檔案時，若使用 Illustrator，儲存 PDF 格式時可於 [儲存 Adobe PDF] 交談窗 [進階] 區的 **[疊印或透明度平面化工具選項]**[★12.] 設定；儲存為 Illustrator EPS 格式時，可以在 [EPS 選項] 交談窗的 **[透明度] 區**[★13.] 設定。兩者都是設定為 **[預設集：[高解析度]]**。

儲存檔案時，若使用 InDesign，儲存 PDF 格式時可在 [轉存 Adobe PDF] 交談窗 [進階] 區的 **[透明度平面化]** 設定 **[預設集：[高解析度]]**。另外，若呈現無法作用的狀態，則不需要設定。

★ 11. [透明度平面化預設集] 可設定的項目，雖然 [文件設定] 交談窗中也有，但是即使在此變更為 [高解析度]，轉存時的交談窗也不會同步。建議執行『檔案／文件設定』命令開啟 [文件設定] 交談窗來變更。

★ 12. 請參照 P157。

★ 13. 請參照 P180。

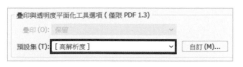

[儲存 Adobe PDF] 交談窗的 [進階] 區
只有選擇 [相容性：Acrobat4 (PDF1.3)] 時才會顯示。

[EPS 選項] 交談窗
只有在轉存透明物件時才會顯示。

[轉存 Adobe PDF] 交談窗的 [進階] 區
只有選擇 [相容性：Acrobat4 (PDF1.3)] 時才會顯示。

1-5 認識印刷品的「版」

大多數的印刷品，都是用「版」來印刷。我們製作完稿檔案，其實是在控制每個「版」要印出來的內容。因此，如果能先好好認識「版」的概念，製作完稿的工作應該會更順利。

印刷的原理與「版」的作用

印刷★1.的基本原理與印章或圖章相似。在印章或圖章的印面上，會雕刻出凸面與凹面，只有凸面會黏附油墨。印刷的「版」與上述印面有相同的作用。讓油墨黏附在版上，形成文字與圖案，然後轉印到紙張上即可印刷。

印刷時，「版」的數量與油墨使用數量相同。使用的油墨若只有單色，則「版」就只需要一個，雙色印刷則需要 2 個版。使用多個版的印刷，稱為「**多色印刷**」，可以藉由「套版」來表現顏色。例如混合紅色與藍色顏料，

★ 1. 這一段文章所談的製版原理，並不適用於印刷廠提供的「按需印刷 POD（Publishing on Demand）」服務。按需印刷是可訂製少量印刷品的服務，不需先製版即可印刷。

印刷效果（單色印刷）　　　**1C 版（粉紅油墨）**

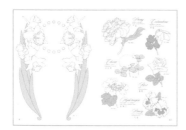

印刷效果（雙色印刷）

1C 版（黃色油墨）

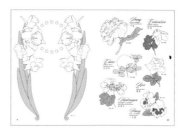

2C 版（綠色油墨）

上圖為模擬圖，並非實際的印刷品，為讀者示範單色印刷與雙色印刷的例子。使用多少種顏色的油墨，就需要多少個「版」。在示意圖中，黑色和深灰色的部分會上墨印刷，而淺灰色的部分則會轉成網點來印刷。

KEYWORD 分色製版	別名：分色、分版 是指將使用的油墨顏色分別製版，或是將油墨分色製成的網片。
KEYWORD 多色印刷	是指使用多種顏色的油墨來印刷。使用 2 色油墨稱為雙色印刷，使用 3 色以上的油墨則稱為多色印刷。

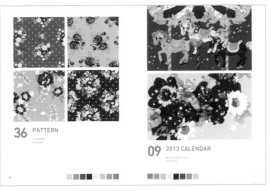

印刷效果（3 色印刷）

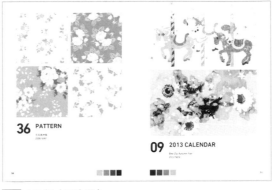

1C 版（C 油墨）

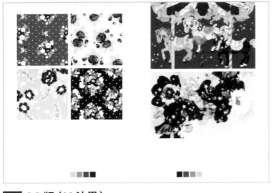

2C 版（M 油墨）

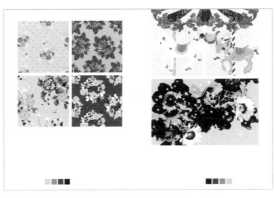

3C 版（Y 油墨）

即可調出紫色油墨，套版（將不同色版疊印在一起）也可達到相同的效果。
實際印刷時，是藉由將油墨**網點化**後疊印來表現顏色，Adobe 軟體 [顏色]
面板所顯示的 [顏色值]，就會成為暫定的「**網點 %**」[2.]。

　若是使用**基本油墨 CMYK**，幾乎能夠表現租所有的顏色。一般所謂的
「**彩色印刷**」，便是指使用這 4 種顏色的油墨來印刷。表現基本油墨 CMYK
的色彩模式是 [**色彩模式：CMYK**]，套用此 [色彩模式] 的檔案在轉換後會
自動分解成 4 個版[3.]，因此適合用來製作彩色印刷用的完稿檔案。

★ 2. 網點的面積比例。
低的是小網點，高的是
大網點。[100%] 則變
成色塊。

★ 3. 電腦螢幕上顯示
為色塊的部分，印刷時
會變成網點，嚴格來說
不算相同的東西，但在
本書中，在 [分色預視]
面板切換顯示的圖像，
或是在 [色版] 面板顯
示的圖像，都稱為「版」。

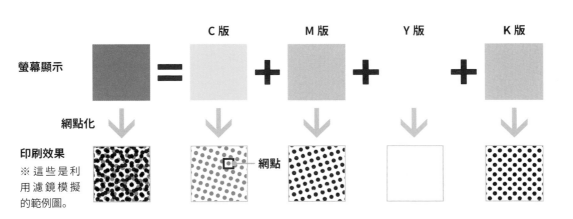

		C 版	M 版	Y 版	K 版
螢幕顯示	=	+	+	+	
網點化					
印刷效果 ※ 這些是利 用濾鏡模擬 的範例圖。		網點			

27

用軟體確認「版」的狀態
相關內容｜關於 Photoshop 的色版 P130

在 Adobe 的軟體中，Illustrator 及 InDesign 具備能確認「版」狀態的 [分色預視] 面板[4]。Photoshop 中的**色版＝版**，因此可以利用 [**色版**] **面板**確認每個「版」。若用調整圖層 [色版混合器][5]，可控制版的狀態。

★ 4. 在 Illustrator 執行『選單／分色預視』命令，或在 InDesign 執行『選單／輸出／分色預視』命令即可開啟。

★ 5. 關於 [色版混合器] 的使用方法，請參照 P106、P133。

在 Illustrator 中，只要把特別色讀入 [色票] 面板就會形成版，從 IllustratorCC 開始，新增了 [僅顯示用過的特別色]，利於鎖定色版。

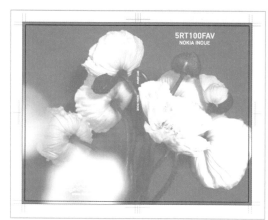

只要點按 [分色預視] 面板左側的眼睛圖示，即可切換顯示／隱藏。若只顯示 [青色]，即可單獨檢視 C（藍色）版的狀態。

若只顯示 [黑色]，即可單獨檢視 K（黑色）版的狀態。

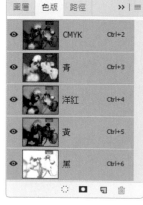

在 Photoshop 的 [色版] 面板中，可用縮圖檢視色版的圖像。若在 Photoshop 中開啟完稿用的 Photoshop 檔案及 PDF 檔案，即可一覽版的狀態。不過，若檔案中有使用到特別色色票，將會分解成基本油墨 CMYK 並分散到各色版中，因此無法使用此方法。

螢幕顯示 → **印刷效果**

印刷工程最後會將每個色版網點化（印刷範例是利用 [彩色網屏] 濾鏡模擬出來的）。[色版] 面板的圖像，並不等於印刷製版的狀態，僅供油墨上色時的參考。CMYK 顯示的 [顏色值] 是用來指定網點的尺寸，因此印刷業界一般稱為「網點 %」，但本書是以 Adobe 軟體來說明，因此採 [顏色值] 來標記。

印刷順序的影響

　彩色印刷時，需要注意疊版先後順序，也就是「**印刷順序**」。印刷順序會隨著印刷廠、印刷品、油墨及媒體等各種條件而改變，影響較大的是使用**半透明**與**不透明**油墨的案例。舉例來說，在半透明的紅色油墨上重疊半透明的白色油墨，會混和變成霧霧的紅色。像是這種情況，可在製作完稿檔案時先預想疊色狀態、指定印刷順序，或是與印刷廠溝通★ 6.。

在牛皮紙上印刷的例子，先印白色油墨，再於其上印刷紅色油墨。

建議牢記的疊印

相關內容｜關於疊印 **P88**

　疊印是製版設定的一種，是指與其他版堆疊印刷。預設情況下，物件的重疊會設定為**去底色**。除非是非用不可，否則**無意義的疊印**會讓完稿檔案變得很難處理。此外，設定為 [K：100%] 的物件，進入 RIP(Raster Image Processor，影像網點處理器) 時會自動設定為疊印（**自動黑色疊色**）★ 7.，若無意中製作了內含疊印的完稿檔案，印刷時可能會發生意想不到的麻煩。

★ 6.　一般的彩色印刷是透明油墨，因此不需要指定印刷順序。

★ 7.　自動黑色疊印可參照 P94。

去底色

疊印

如果在藍色 [C：100%] 的物件上重疊洋紅色 [M：100%] 的物件，設定「去底色」的狀態，則重疊處是洋紅色 [M：100%]。若把上面的洋紅色 [M：100%] 物件設定為「疊印」，則重疊部分會變成紫色 [C：100%／M：100%]。

KEYWORD

網點 %

「網點 %」是指最終網點化後的網點面積比例。單位是「%」。可用 CMYK 或灰階的 [顏色] 面板來調整。最大值 [100%] 是色塊，最小值 [0%] 則變透明，其他的數值比例則會網點化。

1-6 認識裁切標記

裁切標記是為了指定裁切紙張的位置，或對齊多色印刷的色版位置，而在完成尺寸的四角與邊線中央加上的標記。若能確實理解裁切標記的製作方法及用意，即可製作大部分的印刷品。

裁切標記的作用

印刷品通常是先印刷在大張的紙上，再**裁切**[1] 成所需尺寸。因此必須要有**指定裁切位置**的標記。另一方面，在套疊多個版印刷時，為了**對齊每個版的位置**，也必須要有共用的標記。具備這兩種作用的，就是**裁切標記**。也稱為「**剪裁標記**」[2]。

★ 1. 通常會用裁紙機來裁切紙張。

★ 2. 使用 Illustrator 時，在環境設定中稱為「裁切標記」，在選單中則稱為「剪裁標記」。在同一套軟體內名稱卻不統一的情況其實很常見，建議一併都記起來。

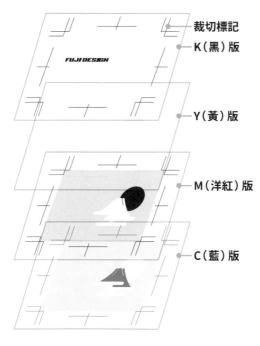

裁切標記
K（黑）版
Y（黃）版
M（洋紅）版
C（藍）版

一般的彩色印刷，是用基本油墨 CMYK 來印刷。此時，會需要 4 塊版。

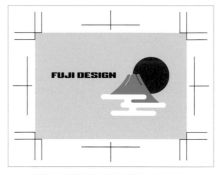

版堆疊的狀態（裁切前的印刷品）

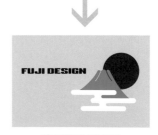

裁切後的印刷品

KEYWORD
裁切標記

別名：剪裁標記、對位標記

用來指定裁切位置或對齊色版位置的標記。有四角標記、拼版標示色標記、摺線標記等不同種類。

日式裁切標記與美式裁切標記

　　裁切標記大致可區分為**日式裁切標記**與**美式裁切標記**這兩種，台灣大多使用日式裁切標記。日式裁切標記也稱為「**雙線裁切標記**」，是由**裁切標記**與**出血標記**所組成。剪裁標記連成的長方形，便是**完成尺寸**。出血標記是表示**出血尺寸**[★3.]。

★ 3. 完成尺寸若滿版配置文字、圖片、色塊時，可配置到稱為「出血」的緩衝區域為止。出血通常設定為 3mm，若是大尺寸海報等印刷品，考量到裁切誤差的狀況，也可設定到 5mm。

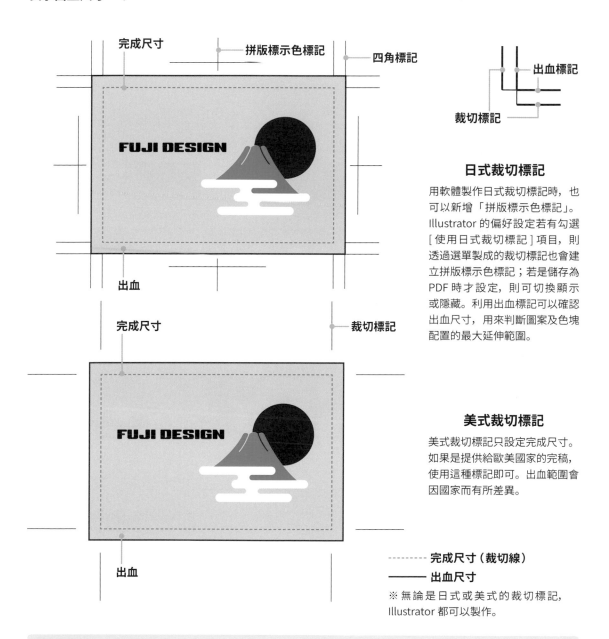

完成尺寸　拼版標示色標記　四角標記

FUJI DESIGN

出血

完成尺寸　裁切標記

FUJI DESIGN

出血

出血標記　裁切標記

日式裁切標記

用軟體製作日式裁切標記時，也可以新增「拼版標示色標記」。Illustrator 的偏好設定若有勾選 [使用日式裁切標記] 項目，則透過選單製成的裁切標記也會建立拼版標示色標記；若是儲存為 PDF 時才設定，則可切換顯示或隱藏。利用出血標記可以確認出血尺寸，用來判斷圖案及色塊配置的最大延伸範圍。

美式裁切標記

美式裁切標記只設定完成尺寸。如果是提供給歐美國家的完稿，使用這種標記即可。出血範圍會因國家而有所差異。

--------- **完成尺寸（裁切線）**
━━━━━ **出血尺寸**

※ 無論是日式或美式的裁切標記，Illustrator 都可以製作。

KEYWORD
完成尺寸

別名：完成尺寸參考線、裁切完成尺寸、裁切線

經裁切完成的印刷品尺寸。Illustrator 及 InDesign 在新增檔案時輸入的 [尺寸]（「寬度」與「高度」），就是完成尺寸。

各種裁切標記

> 相關內容｜製作裁切標記與摺線標記 P192

　　裁切標記有**四角標記**、**拼版標示色標記**、**摺線標記**等種類。**四角標記**有設定完成尺寸，日式或美式都有。而**拼版標示色標記**只有日式裁切標記才有，可用來對齊**完成尺寸的中心位置**，有時也會以中心為基準來**落版**[★4.] 或裁切[★5.]，也是很重要的標記。Illustrator 內有製作裁切標記物件的選單，不只是四角標記，拼版標示色標記的位置也絕不能有所誤差。

　　摺線標記則是用來指定摺線位置的標記。因為無法用選單來製作，所以用短的直線來指定。製作方法，請參照 P39 的說明。

★4. 通常雜誌及書籍等會在一張大紙上配置多個頁面一起印刷，然後再摺疊、裁切成所需尺寸。這是較有效率的頁面配置作業。

★5. 若完稿檔案的完成尺寸有錯，假設誤差僅 1mm 左右，也可以用拼版標示色標記對齊中心，以原本的尺寸來裁切。

製作書籍封面時，為了指定書背及摺口的摺線位置，會使用摺線標記。

摺線標記

KEYWORD

四角標記

別名：直角標記、四角裁切線

配置在完成尺寸的四個角落，用來指定裁切線。日式裁切標記的內側標記是完成尺寸，外側標記是出血尺寸。

KEYWORD

拼版標示色標記

別名：對齊標記、十字對位線

配置在完成尺寸的上下左右邊界的中央，通常是十字線。除了用來指定完成尺寸的中心，也可用來讓雙面印刷的正反兩面對齊。

KEYWORD

摺線標記

用來指定摺頁冊、書籍封面、書腰等印刷品的摺線加工位置。通常是用短的直線來指定。

出血的效果

裁切的準確度無論再怎麼高，還是可能會發生**裁切誤差**[6]。而「出血」就是讓貼近完成尺寸的文字、圖案與色塊延伸至出血區域，這樣一來即使發生些許裁切誤差，也不會露出紙張的白底。

★ 6. 有些印刷品容易發生裁切誤差，有些則不會。若是製作尺寸小的貼紙等印刷品，邊緣可能會產生 1～2mm 的誤差，在製作時必須先預想到這點。

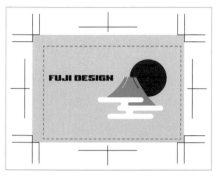

有設定出血的情況下發生裁切誤差

----- 完成尺寸
（裁切線）

露出的紙張白底

未設定出血的情況下發生裁切誤差

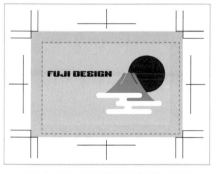

在有框線設計的狀態發生裁切誤差

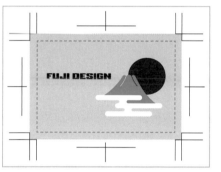

在正確位置裁切的狀態

如果有設定出血，即使發生些許裁切誤差也不會露出紙張的白底；沒有出血的情況下，只要些許裁切誤差就會露出紙張的白底。此外，如果是具框線的設計，基於印刷精準度的不同，也必須預想到裁切誤差。若有可能發生誤差，為了避免誤差過於明顯，必須加粗框線，使其往內側吃進去一點，或是將框線配置在離完成尺寸遠一點的位置。

依條件改變出血範圍

日式裁切標記的雙線標記之間的區域，就是出血。雙線標記間的距離，也就是出血範圍，一般是 **3mm**[7]。Illustrator 及 InDesign 皆可製作兩種裁切標記，但若是用 Illustrator 的選單功能將裁切標記製作成物件，可設定的出血範圍只有 3mm。如果是儲存 PDF 時新增的裁切標記，則可自由設定出血範圍。

★ 7. Illustrator 及 InDesign 的預設值都是 3mm。根據印刷品的尺寸及種類、印刷及裁切的精準度、國家的不同，建議值也會有所改變。

KEYWORD
出血

別名：滿版出血
文字、圖案及色塊滿版配置在完成尺寸時，安排在完成尺寸外側的緩衝區域。

1-7 在 Illustrator 製作裁切標記

在 Illustrator 中有內建製作裁切標記的選單，但是僅可製作四角標記及排版標示色標記。因為沒有摺線標記，必須使用繪圖工具來繪製。

用 Illustrator 的選單製作裁切標記

Illustrator 要製作裁切標記，可透過『物件』與『效果』這兩個選單來製作。『**物件**』**選單**可製作裁切標記的**物件路徑**，『**效果**』**選單**則是替物件新增**外觀屬性**。至於要使用日式裁切標記或是美式裁切標記，可以事先在**偏好設定**中設定。

用 Illustrator 製作日式裁切標記

STEP1. 執行『編輯／偏好設定／一般』命令，勾選 [使用日式裁切標記]。
STEP2. 製作矩形完成尺寸，設定為 [填色：無]、[筆畫：無]。
STEP3. 選取矩形完成尺寸[*1.]，執行『物件／建立剪裁標記』命令[*2.]。

★ 1. 基準物件的 [寬度] 與 [高度]，會成為裁切標記的尺寸。矩形以外的形狀也可設為基準物件。

★ 2. 執行『效果／裁切標記』命令，會以外觀屬性的形式新增裁切標記。此時，一旦變更基準物件的尺寸，也可同時變更裁切標記的尺寸，具有可確認裁切標記尺寸的優點。不過，在完稿送印前必須先擴充外觀。

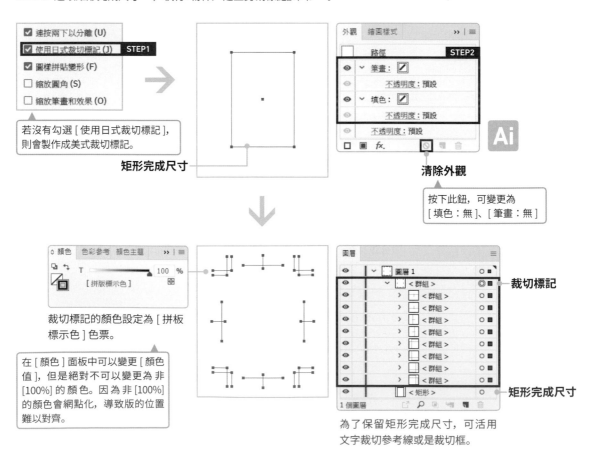

若沒有勾選 [使用日式裁切標記]，則會製作成美式裁切標記。

矩形完成尺寸

清除外觀

按下此鈕，可變更為 [填色：無]、[筆畫：無]

裁切標記的顏色設定為 [拼板標示色] 色票。

在 [顏色] 面板中可以變更 [顏色值]，但是絕對不可以變更為 非 [100%] 的顏色。因為非 [100%] 的顏色會網點化，導致版的位置難以對齊。

裁切標記

矩形完成尺寸

為了保留矩形完成尺寸，可活用文字裁切參考線或是裁切框。

製作裁切標記時的注意事項

透過選單來製作裁切標記時，基準物件的 [寬度] 及 [效果] 選單中設定的變形（外觀屬性）等都會影響到裁切標記，若有設定這些項目，可能會無法準確地製作裁切標記。因此在製作之前，別忘了要將設定變更為 [填色：無]、[筆畫：無] ★ 3.。

若製作日式裁切標記，會在完成尺寸的四個角落製作裁切標記，然後再往外 3mm 處製作出血標記。兩者的線段長度都是 9mm。至於美式裁切標記，則是在離完成尺寸的邊角 0.25inch（6.4mm）的位置，製作出長 0.5inch（12.7mm）的裁切標記。文件的單位，日式裁切標記請設定為 [mm]、美式裁切標記設定為 [inch] 即可。裁切標記的路徑設定，日式或美式都是 [筆畫寬度：0.3pt（0.106mm）]、[筆畫：拼板標示色]。若印刷廠沒有特別限制，就不需要變更這些設定值。

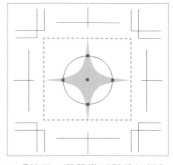

用『效果』選單變形對裁切標記的影響範例。

★ 3. 製作裁切標記時，建議不要用既有的物件來建立，而是另外繪製出一個裁切標記專用的矩形來當作基準。

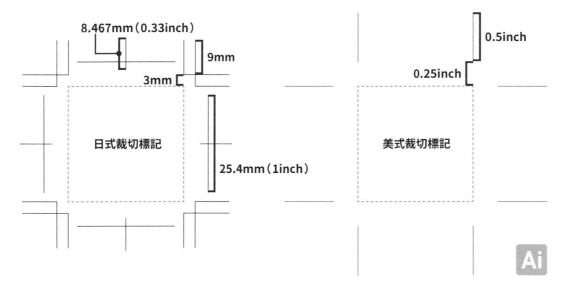

8.467mm（0.33inch）	9mm	3mm
日式裁切標記	25.4mm（1inch）
0.5inch	0.25inch	美式裁切標記

Ai

KEYWORD
外觀屬性

是指利用『效果』選單套用的變形或裝飾效果，以及 [筆畫寬度] 或 [不透明度] 等透過設定值產生變化的物件等外觀上的設定內容。在尚未對物件執行『物件／擴充外觀』命令之前，若清除或隱藏外觀屬性，可回復物件的原貌。擴充外觀後會將變化直接套用到物件上，若是像素類的外觀屬性，在擴充後將會點陣化。

KEYWORD
單位

Adobe 軟體的面板及交談窗中所使用的單位，有 [point]、[mm]、[inch] 等可供選擇。若是一般狀況用的完稿送印，建議使用 [mm]。需要變更單位時，可在偏好設定中更改，或是在尺標上按右鍵後，從彈出式選單中變更。

KEYWORD
拼版標示色

可分色到所有版的特殊色票，用來套用在裁切標記這類會印在所有版上的物件。製作裁切標記時，便會自動替 [筆畫] 套用此色票。

用［效果］選單製作的裁切標記

執行『效果』選單製成的裁切標記，會當作設定在物件上的**外觀屬性**，因為不是物件，所以在完稿送印前必須**擴充外觀**[★4.]。選取套用［裁切標記］的物件，**執行『物件／擴充外觀』命令**即可。

★4. 若不需要變更或確認裁切標記的尺寸，利用『物件』選單來製作會比較省事。製稿過程中以矩形完成尺寸為基準進行設計，送印前再以此為基準製作裁切標記，可防止尺寸出錯或是裁切標記改變。

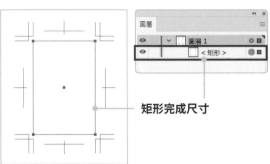

← 矩形完成尺寸

→ 新增為外觀屬性的裁切標記

不同軟體版本的裁切標記製作方法

與裁切標記相關的選單與操作，會大幅受到軟體版本差異的影響。CS3 → CS4 → CS5 的變化尤其明顯，以製作裁切標記為例：

CS3 以前：執行『濾鏡／建立／裁切標記』命令

CS4：執行『效果／裁切標記』命令（必須先擴充外觀）[★5.]

CS5 以後：執行『物件／製作剪裁標記』命令

從上面可知，各版本的名稱及選單的位置都不同[★6.]。CS4 廢除了可用『物件』選單製作的裁切標記（在 CS5 版又復活了），CS3 以前的版本用來指定輸出範圍的裁切區域的作用，在 CS4 版以後是交給**工作區域**，這等於廢除了裁切區域。這項變遷，也連帶影響到右頁解說的工作區域［尺寸］。

★5. CS4 版本是在上市之後，才發布可執行『物件／製作剪裁標記』命令的增效模組。

★6. 本書大部分都是以 CS5 以後的版本為主來解說，若是使用 CS4 以前的版本，請參考此處說明的選單。

KEYWORD
『物件』選單

Illustrator 選單列中的『物件』選單下的功能選單。包括製作裁切標記物件的『建立剪裁標記』，以及『製作剪裁遮色片』、『擴充外觀』等重點功能選單。

KEYWORD
『效果』選單

Illustrator 選單列中的『效果』選單下的功能選單。要替物件套用外觀屬性改變外觀視覺，或是套用與 Photoshop 相同的濾鏡效果時，可使用這裡的功能選單。

關於工作區域的 [尺寸]

相關內容│替代裁切標記的 Illustrator 工作區域 P44

在 Illustrator 製作包含裁切標記的完稿檔案時，讓人困擾的是工作區域的 [尺寸]。一般來說，有以下兩種做法：

① 與完成尺寸相同

② 包含裁切標記的尺寸

現在多數的印刷廠是推薦方法①。現在的輸出流程中，以物件形式建立裁切標記、檔案中記錄的完成尺寸，都是因為認定**工作區域**很重要[★7.]。

方法②在 CS3 以前是主流，因為以前沒有將工作區域指定為完成尺寸的功能。因此，目前仍有採取此方法的印刷廠。方法②另一項優點是，整組裁切標記會顯示在縮圖裡，因此當摺線標記及出血外側寫有指示時，也可選用此方法。

除此之外，Illustrator 中可製作多個裁切標記與工作區域，但是完稿檔案大多禁止涵蓋多個裁切標記與工作區域[★8.]。

不論是方法①或方法②，工作區域及裁切標記都必須**對齊中心**。方法①的情況，建議先以完成尺寸建立新檔，然後把作為裁切標記基準的矩形完成尺寸配置在工作區域的中央[★9.]，接著再製作裁切標記。方法②的情況，即使變更工作區域的 [尺寸] [★10.]，也不必擔心位置偏移。

★7. 裁切標記與工作區域的 [尺寸] 都是以對齊中心為條件。

★8. Illustrator 完稿送印的禁止事項很多，若是 PDF 完稿送印，在同一個 Illustrator 檔案中建立多個工作區域，分別設計雙面印刷的正反兩面，可輸出多頁的 PDF 檔案。

★9. 在選取矩形完稿尺寸後，在 [對齊] 面板設定 [對齊至：對齊工作區域]，然後按下 [水平居中]、[垂直居中] 鈕，即可配置在工作區域的中央。

★10. 設定 [參考點：中心] 再變更工作區域的 [尺寸]。因為工作區域的 [尺寸] 隨時都可變更，所以也可以等到送印前再設定。

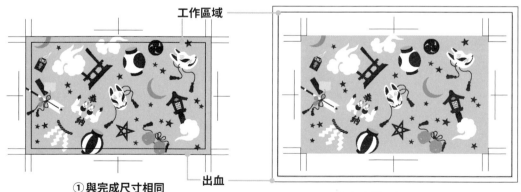

工作區域

出血

①與完成尺寸相同

②包含裁切標記的尺寸

KEYWORD
工作區域

Illustrator 的作業視窗中的黑框區域。紅框代表出血範圍，文件的 [出血] 設定為 [0] 以外的數值就會顯示。Bridge 等處會顯示縮圖預覽是工作區域的內側，若包含多個工作區域，則會以 [工作區域] 面板中最上層的作為代表來顯示。從 Illustrator 轉存為點陣圖時，也可以工作區域為基準加以裁切再轉存。此外，把 Illustrator 檔案置入 InDesign 時，也可選擇工作區域作為裁切基準。

處理超過出血範圍的部分

超過出血範圍的文字及圖案若壓到裁切標記，將會讓裁切標記變得難以辨識。建議利用**剪裁遮色片**處理超出的部分，方便印刷廠處理完稿。請將矩形完成尺寸放大至出血範圍，用來製作遮蔽用的路徑。

用剪裁遮色片隱藏超過出血範圍的部分

STEP1. 選取矩形完成尺寸，執行『物件／路徑／位移複製』命令。
STEP2. 在 [位移複製] 交談窗設定 [位移：3mm]，然後按下 [確定] 鈕。
STEP3. 將此矩形配置在最前面，然後選取所有物件，執行『物件／剪裁遮色片／製作』命令。

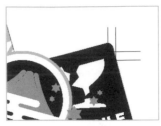

超過出血範圍的圖案壓到了裁切標記，變得難以辨識。

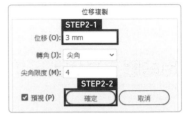

在 [位移複製] 欄輸入出血的寬度。

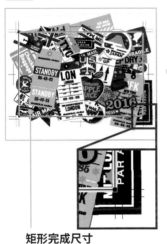
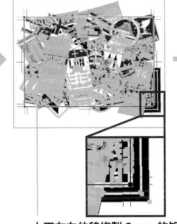
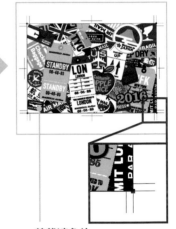

矩形完成尺寸　　**上下左右位移複製 3mm 的矩形**　　**剪裁遮色片**

> 再次利用作為裁切標記建立基準的矩形完成尺寸 (請參照 P34)。

製作裁切確認用的邊框

在 Illustrator 中，單憑裁切標記，很難聯想完成結果 (裁切後的狀態)。光是出血設定的有無，就會改變完成結果給人的印象。建議把裁切確認用的邊框另外繪製在新的圖層上，只要顯示／隱藏圖層即可確認完成結果。製作這個邊框時，只要將矩形完成尺寸[11] 設定為粗筆畫，然後設定 **[對齊筆畫：筆畫外側對齊]** 即可製作。本書為求方便，稱之為「**裁切框**」。

也有另一種做法，是先以裁切框為基準來設計，再於送印前以裁切框為基準製做裁切標記[12]。因為是最後才製作，可避免製稿過程中不小心改變裁切標記路徑等失誤的發生。

★ 11. 像是軋型貼紙這類成品非矩形的情況，是使用剪裁路徑 (請參照 P194)。

★ 12. 先按下 [外觀] 面板的 [清除外觀] 鈕，將物件變更為 [填色：無]、[筆畫：無] 再行製作。

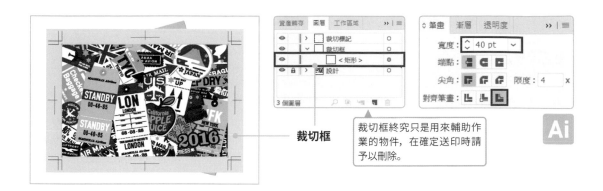

裁切框 ← 裁切框終究只是用來輔助作業的物件，在確定送印時請予以刪除。

用繪圖工具繪製摺線標記

相關內容｜製作裁切標記與摺線標記 P192

用 [線段區段工具] 及 [鋼筆工具] 等繪圖工具繪製的路徑，也可以當作裁切標記。而**摺線標記**則無法透過選單製作，可運用以下方法手動製作。

用工具繪製書冊書背的摺線標記

STEP1. 繪製短直線[13]，設定 [填色：無]、[筆畫：拼板標示色]、[筆畫寬度：0.3pt][14]。

STEP2. 把垂直線移動到摺線的位置[15]，並將矩形完成尺寸設定為關鍵物件，然後按下 [間距：3mm]、[垂直均分間距]，讓垂直線端點貼齊出血。

STEP3. 執行『物件／變形／移動』命令，讓書背寬度往水平方向移動複製[16]。

STEP4. 使用完成尺寸的 [高度]＋垂直線的長度＋出血 (6mm) 作為設定的數值，往垂直方向移動複製。

★ 13. 摺線標記通常會將長度設定為 10mm 左右。若是上下折疊，則是繪製水平線。

★ 14. [筆畫] 的設定建議比照既有的裁切標記。若檔案中未包含裁切標記，可先用 [物件] 選單製作適當的裁切標記，再探取其設定值。

★ 15. 於 [變形] 面板設定 [X] 的數值。定位移動變形時建議使用 [變形] 面板。

★ 16. 裁切標記的移動複製也可利用『效果／變形』命令。若是建立成外觀屬性，也比較容易因應摺線位置的變更。不過，送印之前必須先擴充外觀。

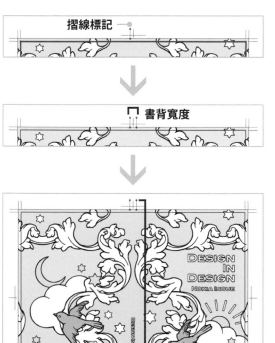

摺線標記

書背寬度

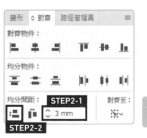

垂直線的長度＋出血 (3mm)＋完成尺寸的 [高度]＋出血 (3mm)

1-8 儲存 PDF 時新增的裁切標記

Illustrator 及 InDesign 在儲存 PDF 時也可以新增裁切標記。除了裁切標記的 [種類] 及 [粗細]，還可變更出血範圍。裁切標記的規格多少有點差異，但指示內容是相同的。

儲存 PDF 時新增裁切標記

相關內容 ｜ 用 [標記與出血] 新增裁切標記 **P154**

　　Illustrator 及 InDesign 在輸出 PDF 時也可以新增裁切標記。除了可設定 **[類型]** ★ 1. 及 **[寬度]** ★ 2.，也可調整**出血範圍**。製作裁切標記的完成尺寸基準，在 Illustrator 是指「工作區域」、在 InDesign 則是「頁面」。為了在正確的位置製作裁切標記，儲存前請務必確認★ 3.。

用 InDesign 轉存包含裁切標記的 PDF 檔案

STEP1. 執行『檔案／轉存』命令★ 4.，選擇 [存檔類型：Adobe PDF (列印)] 項目。

STEP2. 在 [轉存 Adobe PDF] 交談窗中切換到 [標記與出血] 分頁。

STEP3. 在 [標記] 區勾選必要的裁切標記，然後在 [出血和印刷邊界] 區設定出血範圍，最後按下 [轉存] 鈕。

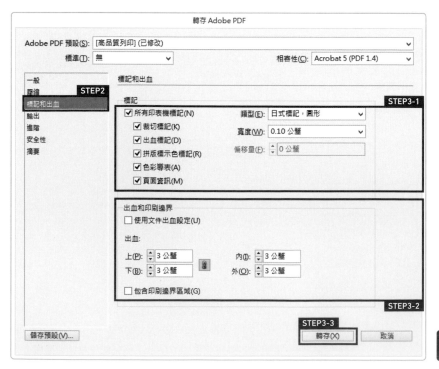

★ 1. InDesign 中，選擇 [日式標記，圓形] 或 [日式標記，無圓形] 會新增日式裁切標記，選擇 [預設] 則會新增美式裁切標記。若選擇 [預設] 後勾選 [出血標記]，則可讓美式裁切標記產生雙線標記。

★ 2. 變成裁切標記的 [筆畫寬度]。建議的 [筆畫寬度] 會隨印刷的設定而改變，請務必先確認印刷廠的完稿須知。

★ 3. 工作區域的尺寸是按下 [工作區域工具] 鈕後在 [控制] 面板確認，頁面的尺寸則是執行『檔案／文件設定』命令後於交談窗中確認。

★ 4. 使用 Illustrator 的情況，是執行『檔案／另存新檔』命令，選擇 [存檔類型：Adobe PDF (*.PDF)]。

關於裁切標記的規格

　InDesign 轉存 PDF 時新增的是日式裁切標記，裁切標記與出血標記的長度都是 10mm [★ 5.]。拼版標示色標記是由 10mm 與 20mm 的直線組成，也是適當的長度。美式裁切標記，是由裁切標記 15pt、出血標記 18pt 組成。

　選擇 [類型：預設] 製作的美式裁切標記，即使勾選 [使用文件出血設定] 項目，預設的 [偏移量：0mm] 還是會維持原設定，裁切標記會配置在貼合完成尺寸邊界的位置。也因此，會變成裁切標記被出血吃掉的狀態，通常以防萬一會請印刷廠再檢查一次。要將裁切標記配置在出血的外側，請將 **[偏移量]** [★ 6.] 設定為等於或大於出血的數值。

　文件使用的單位，選擇日式裁切標記時設定為 **[mm]**，選擇美式裁切標記時設定為 **[point]** 或 **[pixel]**，即可變成適當的數值。不論日式或美式都是設定為 **[筆畫：拼版標示色]**，[筆畫　寬度] 則會比照 [轉存 Adobe PDF] 交談窗中設定的 **[寬度]**。

★ 5. InDesign 在新增裁切標記並輸出時，PDF 檔的 [尺寸] 會變成增加了出血尺寸上下左右各 10mm 的大小。

★ 6. [偏移量] 是用來指定內裁切標記到完稿尺寸的距離。

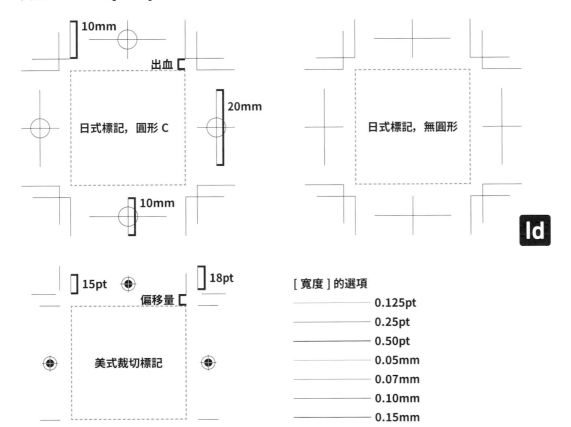

日式標記，圓形 C
- 10mm
- 出血
- 20mm
- 10mm

日式標記，無圓形

Id

美式裁切標記
- 15pt
- 18pt
- 偏移量

拼版標示

選取 [類型：預設] 並勾選 [拼版標示色標記]，即可在邊界的中央新增拼版標示。

[寬度] 的選項
- 0.125pt
- 0.25pt
- 0.50pt
- 0.05mm
- 0.07mm
- 0.10mm
- 0.15mm
- 0.20mm
- 0.30mm

※ 全部都有勾選 [裁切標記]、[出血標記]、[拼版標示色標記]，並且設定 [寬度：0.10mm]。

Illustrator 儲存 PDF 時新增的裁切標記，與 InDesign 製作的長度及規格有所差異。不論日式或美式，四角標記都是 9.525mm，日式裁切標記追加的對齊標記則是由 9.525mm 與 19.05mm 所組成。此外，[儲存 Adobe PDF] 交談窗的設定也有些許差異，美式無法設定出血標記。[寬度] 的選項也比 InDesign 少★7.。

[Adobe PDF 預設] 雖然是 Adobe 軟體共用，但即使選擇相同的預設，裁切標記的規格也不一定相同。不過指示內容並沒有改變，因此在使用時並不會有障礙。另外，Photoshop 同樣也可用 [Adobe PDF 預設] 來輸出 PDF★8.，但是無法新增裁切標記。

★ 7. 可以使用 PDF 完稿輸出的印刷廠，大多會提供完稿須知，建議仔細閱讀並參照印刷廠的設定。此外，也有很多印刷廠會發佈稱為「Joboption」的設定檔。Joboption 的使用方法，請參照 P144。

★ 8. 也可能會有無法共用的情況。

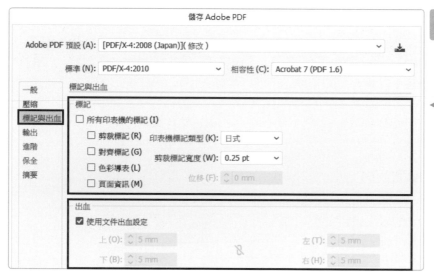

類型的選擇與 InDesign 一樣，若選 [美式]，必須設定 [位移]（在 InDesign 中是將此項目稱為 [偏移量]）。

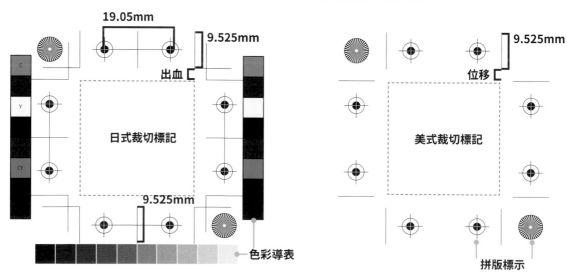

19.05mm

9.525mm

出血

日式裁切標記

9.525mm

色彩導表

9.525mm

位移

美式裁切標記

拼版標示

※ 全部都有勾選 [裁切標記]、[對齊標記]，並且設定 [剪裁標記寬度：0.25pt]。只有 [日式裁切標記] 會新增 [色彩導表]。

※[日式裁切標記] 若要追加十字對位線，要勾選 [對齊標記]，此時也會一併新增拼版標示。

[剪裁標記寬度] 的選項
—— 0.125pt
—— 0.25pt
—— 0.50pt

1-9 處理無裁切標記的完稿

近年來也有很多印刷廠接受無裁切標記，直接以出血尺寸完稿送印的方式。代表性的有 PDF 完稿與 Photoshop 完稿，兩者的條件都是四邊一致的出血範圍。

無裁切標記的完稿檔案

有些 PDF 完稿檔案是沒有裁切標記的（在完成尺寸的上下左右，再加上出血範圍的 PDF 檔案）。例如，若我們試著用 Acrobat Pro 開啟用印刷廠的 Joboption（PDF 預設集）轉存的 PDF 檔案[★1.]，可能會發現檔案上居然沒有裁切標記！難免會擔心這樣真的沒問題嗎？

慣用 Illustrator 的人或許會對沒有裁切標記的完稿檔案感到不安。以前即使是製作一張明信片尺寸的點陣圖，也會用 Illustrator 加上裁切標記，然後將明信片圖檔置入後再送印。

如果知道用 InDesign 檔案送印的 InDesign 完稿，以及用出血圖檔送印的 Photoshop 完稿[★2.]這兩種作法，應該能理解沒有裁切標記的可能性。**若上下左右的出血設定一致**，即可判定完成尺寸的中心，這樣就能落版，因此沒有問題。

★1. 用 Illustrator 開啟沒有裁切標記的 PDF 檔案，工作區域會變成出血尺寸。

★2. 這是合版印刷或小量數位印刷常用的送印方法。關於 Photoshop 完稿，請參照 P175。

用裁切標記與工作區域指定完成尺寸

Photoshop 完稿用的檔案。文件的[尺寸]即出血尺寸。

只用工作區域指定完成尺寸

※ 關於 Illustrator 完稿，「只用工作區域指定完成尺寸」的完稿送印方式現在比較少見。

從 Illustrator 轉存的 PDF 完稿用檔案。在 Acrobat Pro 的[偏好設定]交談窗[頁面顯示]分頁中勾選[顯示作品、剪裁和出血方塊]項目，就會用綠色的框線標示完成尺寸。

替代裁切標記的 Illustrator 工作區域

Photoshop 及 InDesign 的可繪圖區域是白色，其他區域則以灰色表示，可明確區別畫布或頁面的範圍。因此，將畫布或頁面直接當作完成尺寸，使用者很自然地就能接受。反觀 Illustrator，雖然有「工作區域」可當作區域劃分，但因為只用黑框標示，製作時其實仍可配置到黑框外的區域；而且藉由列印範圍的設定，工作區域以外的部分也可印刷出來，所以比較不會讓人產生工作區域＝完成尺寸的感覺。

關於這點也是其來有自。Illustrator 的工作區域，在 CS3 版以前是當作製作區域的界限，對印刷結果不會造成影響。不過到了 CS4 版以後，工作區域取代了廢止的裁切區域，肩負了**指定轉存範圍**的作用，因此變得相當重要★ 3.。現在不只是轉存範圍，也可用來**指定完成尺寸**，而且可利用**多個工作區域**，製作出多頁的 PDF 檔案。

使用 Illustrator 的選單及繪圖工具所製作的裁切標記★ 4.，是單純的路徑集合體（物件），因此處理方式與文件中的其他物件沒什麼不同。除非是用外觀屬性製作，否則很難發現尺寸錯誤，也可能發生位置偏移、顏色變化等非預期的改變。有鑑於這些人為錯誤的可能性，比起無法確保正確性的裁切標記，能夠用數值確認尺寸、機械端可確實判別的「工作區域」，作為完成尺寸更值得信賴是必然的趨勢。

不過以目前而言，大部分印刷廠仍建議用 PDF 完稿，很少有印刷廠接受沒有裁切標記的 Illustrator 完稿，因為這樣會讓檔案的完成尺寸變得曖昧不明★ 5.，可能導致設定錯誤或交件延遲。裁切標記與工作區域的位置有誤差時，也有些印刷廠會明確指出是因為把裁切標記當作完成尺寸的緣故。

★ 3. 裁切區域的廢止，對製作裁切標記的選單也有影響。請參照 P36。

★ 4. 若將使用者製成的裁切標記當作完成尺寸來使用，印刷廠落版時也可能會重新添加。

★ 5. 若是同時指定裁切標記與工作區域，裁切標記可作為使用者的設定(想法)，工作區域則用作落版時的標準。

裁切區域與工作區域的位置產生誤差的狀態

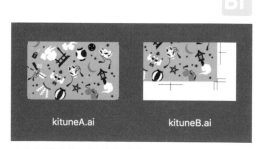

kituneA.ai　　kituneB.ai

工作區域的位置也會影響在 Finder 與 Bridge 中的縮圖。縮圖中，會顯示工作區域連同出血的範圍。裁切標記及工作區域的位置若有誤差，則縮圖不會顯示完整內容。

1-10 預防文字裁切的參考線

製稿時如果把文字配置在貼近完成尺寸邊界的位置，之後可能會因為裁切誤差而導致缺字 (切掉字)，而變得難以閱讀。要預防這類「文字裁切」的問題，建議活用參考線。

留意安全區域

因裁切誤差而導致完稿邊緣缺字的狀態，稱為「**文字裁切**」[1]。只要把文字及圖案配置在完成尺寸內側的安全區域，應該能預防文字裁切。一般而言，完成尺寸往內側 3mm 以上的位置即算安全，不過這個標準可能會因為裁切的精準度、印刷品的尺寸與種類[2]而改變。

參考線的活用

要在製作過程中隨時確認安全區域，可利用 Adobe 軟體的**參考線功能**，事先建立好安全區域的參考線（**文字裁切參考線**）。參考線不會印刷出來，所以完稿送印前也不需要刪除。此外，也可以活用參考線來指定裁切線、摺線、騎縫線、洞孔等。

Adobe 軟體中若有顯示**尺規**[3]，可用滑鼠從尺規處拖曳出水平或垂直的參考線。在 Illustrator 中，具備**將路徑轉換為參考線**的功能，因此可處理非矩形的不規則完成尺寸。若結合 P38 製作矩形出血尺寸時用過的 [路徑的位移複製] 技巧，即可簡單製成作為文字裁切參考線基準的路徑。

用 Illustrator 製作文字裁切參考線

STEP1. 選取矩形完成尺寸，執行『物件／路徑／位移複製』命令。
STEP2. 在 [位移複製] 交談窗中設定 [位移：-4mm]，然後按下 [確定] 鈕。
STEP3. 執行『檢視／參考線／製作參考線』命令。

★ 1. 有些設計會刻意表現文字裁切的效果。如果是這種狀況，建議在輸出範本及完稿檔案規格書內備註說明。若沒有特別說明，印刷廠很可能會協助調整為沒有裁到文字的狀態。此外，像是故意模擬套印不準等特殊表現風格等設計手法，為避免被誤認為是錯誤而修正，一樣建議要備註說明。

★ 2. 頁數多的騎馬釘手冊，容易因為書口的裁切誤差，導致較靠近手冊中央的文字被裁切。因此，騎馬釘手冊若將頁碼配置在書口時也須留意。此外，印刷廠為了配合書口的裁切位置，也可能會將頁面往釘口處挪動。這種處理方式，稱為「CREEP 處理」。

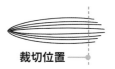
裁切位置

★ 3. 要顯示尺規時，Illustrator 是執行『檢視／尺規／顯示尺規』命令，InDesign 是執行『檢視／顯示尺規』命令，Photoshop 則是執行『檢視／尺規』命令。這些軟體都是到『檢視』選單去找尺規的開關。

KEYWORD
文字裁切

是指把文字配置在貼近完成尺寸邊界的位置，因裁切誤差而缺字的狀況。為了預防這種問題而製作的參考線，稱為「文字裁切參考線」或「安全參考線」。

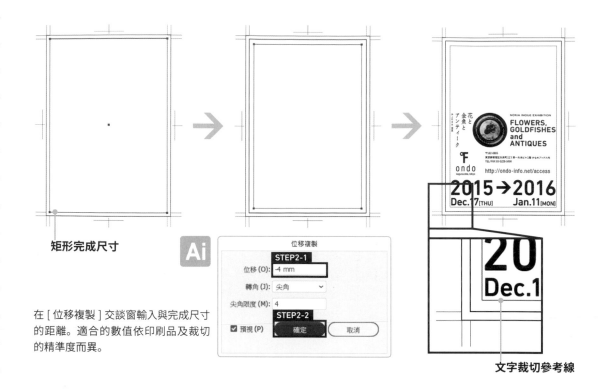

矩形完成尺寸

文字裁切參考線

在 [位移複製] 交談窗輸入與完成尺寸的距離。適合的數值依印刷品及裁切的精準度而異。

若使用 InDesign 或 Photoshop，無法像 Illustrator 一樣直接將路徑轉換為參考線，只能從尺規及選單製作出水平或垂直參考線。Photoshop 若利用**參考線配置的 [邊界]**，可快速製作上下左右的參考線。

利用 Photoshop 的參考線圖層

STEP1. 執行『顯示／新增參考線配置』命令。
STEP2. 在 [新增參考線配置] 交談窗中勾選 [邊界] 項目，於 [上]、[左]、[下]、[右] 欄位中輸入相同數值，然後按下 [確定] 鈕即可。

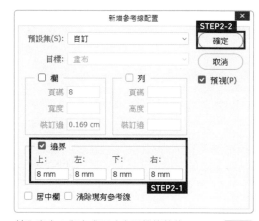

輸入出血＋與完成尺寸之距離的數值。

為了避免不小心移動到製作完成的參考線，建議將參考線**鎖定**。在 Illustrator 是執行『檢視／參考線／鎖定參考線』命令，InDesign 是執行『檢視／格點與參考線／鎖定參考線』命令，而在 Photoshop 是執行『檢視／鎖定參考線』命令，不論使用哪一個軟體都可以從『檢視』選單找到。另外，InDesign 在頁面中編輯畫面時，本來就無法選取主版的參考線，因此不需鎖定也不會動到。

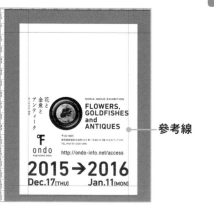

參考線

CHAPTER

2

構成完稿檔案的零件

2-1　可供印刷用途的字體

製作完稿檔案時必須注意，並非所有安裝於電腦中的字體都可以正常顯示並印刷出來。不過，若是採取 PDF 送印方式，或是在送印前已經將字體外框化，則大可不必對字體使用太過於神經質。

依送印方式判斷字體可否使用

電腦中的字體是否能用於完稿檔案，依送印方式而異。就結論來看，若送印的完稿是已經將字體轉成**外框化**[1]的**點陣圖**，則任何字體皆可使用。因此，**送印前必須先將文字外框化的 Illustrator 送印**[2]，以及**送印前必須先點陣化的 Photoshop 送印**，這兩種方式在字體使用上應該都沒有問題。至於 **PDF 送印**的情況，只要該字體能嵌入 PDF[3] 即可使用。因為大部分的字體都能嵌入，所以也不必過度神經質。

會需要仔細檢查字體的狀況，是 **InDesign 送印**，以及**沒有外框化的 Illustrator 送印**。若完稿中包含印刷廠未安裝的字體、無法附加的字體，最後可能不會正常印刷出來，因此可用的範圍自然變得狹隘。儘管如此，接受這類送印形式的印刷廠，大多備有多套字體，如果使用 Adobe 軟體及作業系統附屬的字體、市面上專為印刷用途開發的字體，大部分的印刷廠應該都足以應付。若想釐清可使用哪些字體，請確認印刷廠的完稿須知或直接向送印的印刷廠洽詢。

外框化的優缺點

完稿檔案的文字處理方式各有優缺點，如下表所示。請靈活運用吧！

	優點	缺點	送印形式
外框化	・製作過程中不必在意字體可否使用 ・不受限於電腦環境，可確實輸出，不易影響交貨期限	・印刷廠無法修改 ・需要花點時間外框化 ・外框化前必須另存備份	・外框化的 Illustrator 送印
沒有外框化（直接送印）	・印刷廠可以修改 ・省去外框化的時間	・受限於電腦環境，因此一旦出狀況便會影響交貨期限 ・可用字體與不可用字體必須判別才能使用	・InDesign 送印 ・沒有外框化的 Illustrator 送印
字體嵌入檔案	・不受限於電腦環境，可確實輸出，不易影響交貨期限 ・省去外框化的時間 ・轉存 PDF 時自動嵌入，因此不需要備份	・印刷廠無法修改 ・無法使用未嵌入的字體	・PDF 送印

★ 1. 目前可供使用的字體大多允許外框化，因此本書是以此為前提進行解說。有無法外框化的字體在此先忽略。

★ 2. 如果是一般版印刷或是小量數位印刷，使用 Illustrator 送印時，大多都會要求必須先將文字外框化。

★ 3. 想知道哪些字體無法嵌入，可參考右頁說明，開啟 [尋找字體] 交談窗來調查。若交談窗中顯示 [限制：無法嵌入 PDF 或 EPS 檔案] 的字體表示無法嵌入，請避免使用。

調查字體格式

在 Adobe 軟體執行『文字／字體』命令，即可總覽電腦裡安裝的字體。這些字體會根據其樣式與構造劃分成數個種類，稱為「字體類型」。在字體選單中的字體名稱旁邊會顯示圖示[4]，可依圖示判別字體類型。

★ 4. 若發現字體名稱旁邊沒有圖示，請在 Illustrator 或 InDesign 中開啟 [偏好設定] 交談窗，切換到 [文字] 分頁勾選 [在選單中啟用字體預覽] 項目。

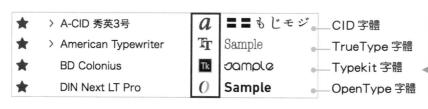

- CID 字體
- TrueType 字體
- Typekit 字體
- OpenType 字體

「Typekit」並不是字體類型，而是 Adobe Creative Cloud 提供的訂購字體服務，使用該服務安裝的字體是 OpenType 等字體。

要調查檔案中使用什麼字體，InDesign 可利用 **[尋找字體] 交談窗**[5]，Illustrator 可透過 **[文件資訊] 面板**。除了字體類型，還可以確認字體檔的存放位置、可否嵌入等資訊。

★ 5. 由於 Illustrator 的 [尋找字體] 交談窗中不會顯示字體的詳細資訊，因此建議改用 [文件資訊] 面板來調查。

用 InDesign 的 [尋找字體] 交談窗調查字體

STEP1. 執行『文字／尋找字體』命令。
STEP2. 在 [尋找字體] 交談窗中按下 [更多資訊] 鈕，然後點按字體名稱。
STEP3. 在 [情報] 中確認後，點按 [完成] 鈕關閉交談窗。

尋找字體

文件中的字體：
- Adobe 明體 Std L
- STEP2-2 r
- Century Gothic Regular
- HuiFontP Regular
- Kozuka Mincho Pr6N R
- RiiTegakiN Regular
- SetoFont Regular
- 微軟正黑體 Bold
- 標楷體 Regular

字體總數：17　　圖形中的字體：0
遺失字體：0

取代為：
字體系列(O)： Adobe 明體 Std
字體樣式(Y)： L
☑ 在全部變更時重新定義樣式和格點樣式(E)

資訊 STEP3-1
- 字體：Adobe 明體 Std L
- PostScript 名稱：AdobeMingStd-Light
- 樣式：L
- 類型：OpenType CID
- 版本：Version 6.007;PS 6.001;hotconv 1.0.67;makeotf.lib2.5.33168
- 限制：正常
- 路徑：C:\Windows\Fonts\AdobeMingStd-Light.otf
- 字元數目：69
- 樣式數目：1
  - 樣式：[無段落樣式]
  - 頁面：152,142,136,4-7,160,3

STEP3-2
- 完成(D)
- 尋找第一個(F)
- 變更(C)
- 全部變更(A)
- 變更/尋找(H)
- 顯現在「檔案總管」中(R)
- 較少資訊(I) STEP2-1

Id

預設會顯示 [更多資訊] 鈕。若按下 [較少資訊] 鈕關閉 [資訊] 欄位，即可恢復預設按鈕。

[類型] 可確認字體類型。「OpenType CID」，是指以 PostScript 為基準的 OpenType 字體。「OpenType Type1」，是指把 Type1 字體轉換為 OpenType 字體。

KEYWORD

字體類型

別名：字體格式、Font Format

字體形式的種類。不同時期的主流字體類型有所差異。

用 Illustrator 的 [文件資訊] 面板調查字體

STEP1. 選取文字，然後執行『視窗／文件資訊』命令。

STEP2. 從 [文件資訊] 面板的選單中勾選『字體詳細資訊』與『只限選取範圍』項目。

STEP3. 在 [文件資訊] 面板中確認字體詳細資訊。

★ 6. 這 4 個種類的字體，InDesign 送印或文字沒有外框化的 Illustrator 送印都可以使用，不過 TrueType 字體，有的印刷廠會要求必須外框化。

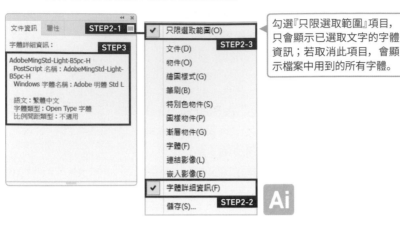

勾選『只限選取範圍』項目，只會顯示已選取文字的字體資訊；若取消此項目，會顯示檔案中用到的所有字體。

字體類型的分類

　　執行『文字／字體』命令來總覽檢視，會看到各式各樣的字體陳列其中。

乍看冗長難以整理，倘若加以分類，大致可彙整為以下 4 種類型 ★ 6。

字體格式	概要	支援	不支援
OpenType 字體 **OpenType fonts** Adobe 公司與微軟公司	現在普遍可穩定用於完稿檔案的字體類型。Mac OS 與 Windows 電腦皆可使用相同的字體檔案(跨平台)。 可呈現高精準度的文字結構。 即使輸出設備沒有印表機字型，仍可高品質輸出(動態下載)。	・外框化 ・PDF 嵌入 ・字距微調 ・異體字替換	
CID 字體 **Character Identified-Keyed fonts** Adobe 公司	PostScript 字體格式。是最先存有字距微調資訊的字體類型。Windows 系統不支援。	・外框化 ・PDF 嵌入 (1999 年以後) ・字距微調 ・異體字替換	
TrueType 字體 **TrueType fonts** Apple 公司與微軟公司	早期就有的字體類型，現在也可用於完稿檔案。不過，其中也包含無法外框化、亂碼等無法使用的字體。	・外框化 ・PDF 嵌入 ・異體字替換	・字距微調
Type1 字體 **Type1 fonts** Adobe 公司	英文 PostScript 字體格式。也是早期就有的字體類型，可用於完稿檔案。OpenType 字體以前的 PostScript 字體，幾乎都是 Type1 字體。		

KEYWORD

外框化字體

將用文字工具輸入的文字轉成向量圖，也就是用路徑描繪每個筆畫的外框。由於是向量圖，放大、縮小皆能保持輪廓的平滑度，是一種可縮放字型（Scalable font）。文字輪廓的資訊，PostScript 是使用三次貝茲曲線、TrueType 字體則是使用二次 B-splines 曲線來表現。三次貝茲曲線的自由度較高、用少量的點即可表現曲線，因此更能減省檔案體積。在 DTP 普及以前，是使用「點陣字型」，因為是用像素的集合體來處理文字形狀，因此放大後輪廓會變粗糙。

字體類型的歷史

OpenType 字體是當今主流的字體，可穩定用於完稿檔案，主要原因在於它是最新的字體類型。較舊的字體類型往往會因為作業系統停止支援等因素，漸漸不再被人使用而遭淘汰。字體類型的歷史，就實務層面來看，即使不了解也不會造成阻礙，但稍微熟悉箇中脈絡，會比較容易判斷是否需要分辨字體類型，倘若未來出現新的趨勢，也可靈活應對。底下將簡單說明字體類型的歷史，趕時間的讀者跳過也沒關係。

頁面描述語言 PostScript 過去是印刷業界的標準，它和 **PostScript 字體**都是由 **Adobe 公司**開發的。以前的頁面描述語言會依印表機廠商而有所差異，因此會發生印表機改變，印刷結果也跟著改變的狀況。相對於此，通用程式語言 PostScript 不會受限於裝置，使用不同印表機也可呈現相同的印刷結果。Adobe 公司將 PostScript 與 **Type1 字體**成套提供給印表機廠商，使得 PostScript 字體迅速普及，而成為業界標準。

由於 Adobe 公司獨占市場，使其他公司產生危機感，因此 **Apple 公司**就與**微軟公司**攜手合作，開發出不仰賴 PostScript 的外框化字體，也就是 **TrueType 字體**。兩者的目的，都是開發出搭載在自家作業系統（Apple 公司是 Mac OS、微軟公司是 Windows）的標準字體。這些 TrueType 字體有些已經附屬在作業系統中，或是作為價格合理的商品販售，因此即使不是印刷專業人員，也可使用具有平滑顯示效果與印刷結果的 TrueType 字體。

為了與上述公司抗衡，Adobe 公司又發表了非 PostScript 印表機也可以印刷 Type1 字體的 **ATM（Adobe Type Manager）**[7]。激烈競爭的結果是 ATM 日益普及，由 Adobe 公司再次掌握霸權。

★ 7. Adobe 公司為了讓 非 PostScript 的 印表機也能呈現出平滑的列印與畫面顯示效果，而開發出「Adobe Type Manager（Adobe 字體管理系統）」，會組合使用 ATM 與支援的 ATM 字體（PostScript 字體）。此技術會使用畫面顯示用的外框化檔案，讓非 PostScript 印表機也可印得漂亮。若是使用 PostScript 印表機，可選擇印表機內安裝的字體或畫面顯示的字體來印刷。

KEYWORD

PostScript

Adobe 公司在 1984 年開發的程式語言。是一種可指示印表機繪圖的「頁面描述語言（Page Description Language）」，可以處理文字、圖形、圖像等頁面的構成要素。由於 PostScript 是通用程式語言，因此具備不受限於裝置的「裝置獨立性（Device independent）」。

KEYWORD

PostScript 字體

別名：**PS 字體**

Adobe 公司開發的 PostScript 編碼形式的外框化字體，有 Type0、Type1、Type2 等不同 Type 的種類。不只有 Type1 字體，也包含 OCF 字體、CID 字體、OpenType 字體，現在完稿檔案用的字體大多屬於此類。

在日文字體界也掀起一股 PostScript 的浪潮，但是不尋常的文字數量是一大難關。最初的日文 PostScript 字體是由森澤公司開發，他們取得來自 Adobe 公司的 Type1 字體授權後，於 1989 年發售「龍明體 L-KL」與「中黑體 BBB」這兩套字體。這些字體採用的字體類型，是由多個 Type1 字體組合構成的 **OCF 字體**[8]。Type1 字體可收錄的文字數量最多 **256 個字**，但是要輸入日文的話必須包含 JIS 規格[9]。一級漢字（2,965 個字）、二級漢字（3,390 個字）約 7,000 字，256 個字非常不夠用。為了解決上述問題，權宜之計是將必要字數劃分成多個收錄 256 個字的 Type1 字體，再將全部組合起來。

之後，打從一開始就考慮到日文支援，增加可收錄文字數量著手設計的，是 **CID 字體**。CID 是「Character ID」的縮寫，是指替每個文字標註管理識別用的編號。這種字體類型，是由文字的「外框化檔案」、文字組與聯繫 CID 的「CMap 檔案」所構成。相較於 OCF 字體，結構變得更簡單，在不同編碼環境也可靈活應對。此外，異體字替換及字距微調資訊實現了更高階的日文排版，再加上文字的外框化，以及 1999 年時可嵌入 PDF 檔案的發展，使得沒有安裝字體的作業環境也可顯示字體，讓應用範圍變得更加廣泛。不過這有個問題，就是在 Windows 系統中無法使用。

承繼 CID 字體所誕生的，才是現在蔚為主流的 **OpenType 字體**[10]。在 Mac OS 及 Windows 系統中皆可使用，不僅繼承 CID 字體的特點，更具備高階的排版功能，堪稱最適合印刷用途的字體類型。

★ 8. OCF 是「Original Composite Format」的縮寫。

★ 9. 日本工業規格。根據工業標準化法，受理日本工業標準調查會的報告，由主務大臣制定的工業標準。JIS 是「Japanese Industrial Standards」的縮寫。

★ 10. 字體的外框化檔案，收錄了 TrueType 形式／PostScript 形式其中一個，或是兩者都有收錄。以 TrueType 為基準的 OpenType 字體是用二次 B-splines 曲線來繪圖，以 PostScript 為基準的 OpenType 字體是用三次貝茲曲線來繪圖。OpenType 的英文字體，有許多是以 TrueType 為基準。

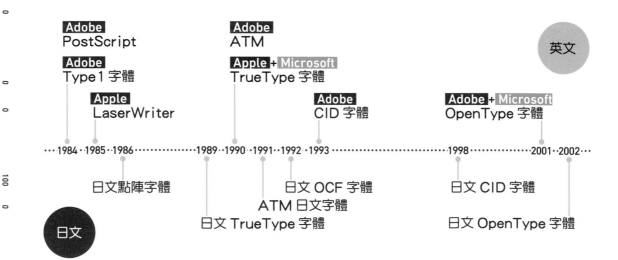

根據字體供應商與服務來分類

不先將文字外框化的送印形式，會因為**字體供應商**或**服務**，而在使用上有所限制，或是有其他需要留意的事項★ 11.。舉例來說，若是完稿檔案中有使用作業系統的附屬字體，或是有版本差異的 Adobe 軟體內建字體，可能在送印過程中會因為不支援而出現亂碼，或是改變了原本的文字編排樣式。

★ 11. 在印刷廠的完稿須知中通常會特別提醒完稿的注意事項，包括使用者經常發生的問題。不過，如果試著直接詢問印刷廠，也有可能可以使用的情況。

字體	解說	本地字型	PDF
作業系統附屬字體	作業系統中內建 (附屬) 的字體。 在 Mac OS X 系統中有「冬青黑體」、「儷黑體」等。在 Windows 系統中有「新細明體」、「標楷體」等。 這類字體會依存於作業系統的版本，送印時可能會被要求外框化。	△	○
Adobe 軟體的內建字體 Adobe 公司	Adobe Creative Cloud、Adobe Creative Suite 等 Adobe 軟體內建的字體。有「小塚明朝」、「小塚ゴシック」等。 若要使用小塚字體，建議使用和 Adobe 軟體版本同捆的字體。	○	○
森澤 PASSPORT 森澤公司	森澤公司的授權產品。除了森澤公司的所有字體，還可使用ヒラギノ (Hiragino) 字體、TypeBank 字體、英文字體、多語言字體。字體會有修訂，使用前建議升級到最新版本。	○	○
FONTWORKS LETS FONTWORKS 公司	FONTWORKS 的授權產品。可使用 FONTWORKS 的所有字體。所謂的「LETS」，是指 FONTWORKS 公司提供的一年授權租約機制。	○	○
Adobe Typekit 桌面字體 Adobe 公司	Adobe Creative Cloud 的字體訂購服務。 無法用封裝功能收集，可能會被要求外框化。使用前請諮詢印刷廠。 可嵌入 PDF，因此用於 PDF 送印時沒有問題。	△	○
CC2018 相應字體	這是指 Adobe CC2018 版本之後開始內建的「OpenType SVG 字體」及「OpenType 變數字體」等功能。 OpenType SVG 字體，是可以替單一字符指定各種顏色及漸層，或是使用一個或多個字符製作出特定的合成字符，相當於圖形字體「EmojiOne」或彩色字體「Trajan Color Concept」。 OpenType 變數字體也稱為「可變字體」，可細微調整一個字體的粗細、寬度、傾斜等設定。圖示中帶有「VAR」文字，或是名稱中出現「Variable」，即為此字體的標記。 目前還不太建議在完稿檔案中使用這類 CC2018 相應字體 (若屬於外框化字體，只要送印前有將字體外框化就 OK)。	△	△
免費字體	免費發布的字體，通常由個人、團體、公司行號等各種字體供應商所提供。不講究規格的一致性及品質的穩定性，因此用於完稿檔案時，即使是 PDF 送印也可能會被要求外框化。	△	△

※ ○：可以使用、△：需要注意，不過也可能有例外的狀況。

KEYWORD

字體供應商

別名：字型供應商、字型廠商

開發、販售字體的製造商。除了公司行號，也包含提供免費字體等用途的個人。

2-2 排版視覺調整的設定

以 InDesign 形式完稿時，最好在製作前先完成排版的視覺調整設定。
這些設定未來會影響到文字的排列及換行位置，甚至是修改時的效率。

關於排版視覺調整

排版視覺調整[1]，是調整每行文字配置的功能，可大致區分為「段落視覺調整」以及「單行視覺調整」。**段落視覺調整**，是以段落為單位來調整文字，**單行視覺調整**則是以行為單位來調整。

InDesign 送印建議使用**單行視覺調整**。若選擇**段落視覺調整**，會以整個段落來調整文字的配置，所以修改處前面的文字排列或換行位置可能會被改變。因此，一旦經過修改，必須連帶檢查整個段落的編排。以 InDesign 送印的優點，在於送印後若需要稍微修改，可請印刷廠協助處理。若設定為**單行視覺調整**，文字排列的改變會僅限於修改處或之後的部分，因此不需要再花費時間檢查前面的部分[2]。

[1]. Adobe 軟體的視覺調整，有「Adobe 全球適用單行視覺調整」、「Adobe 全球適用段落視覺調整」、「Adobe CJK 單行視覺調整」、「Adobe CJK 段落視覺調整」、「Adobe 段落視覺調整」以及「Adobe 單行視覺調整」等種類。其中「Adobe 全球適用」適合多語言編排，「Adobe CJK」適合中日韓文編排，「Adobe」適合英文編排。

[2]. 即使是以 PDF 格式送印，在處理小說這類跨頁的長篇內容時，事先設定為 [單行視覺調整] 會相當方便。即使變動內容也不會影響之前的頁面，再刷時即使要修改，也可將變動頁面控制在最低限度。

設定「Adobe CJK 單行視覺調整」的情況

即使在「はじめは」前面追加「ジョバンニは」，前面的文字排列也不會改變。

設定「Adobe CJK 段落視覺調整」的情況

如果在「はじめは」前面追加「ジョバンニは」，前面的文字排列會跟著改變。

設定 [CJK 單行視覺調整]

　要進行排版視覺調整，可利用 [**段落**] **面板**及**段落樣式**來做設定。作業前請先變更預設值，可讓之後建立的文字內容比照設定編排，能節省不少時間。要變更預設值，請在沒有開啟任何檔案的狀態下，執行『視窗 / 文字與表格 / 段落』命令開啟 [段落] 面板，從面板選單中執行『Adobe CJK 單行視覺調整』命令[★3]。若是作業途中或之後才要變更設定[★4]，請先選取文字，然後從 [段落] 面板的選單執行『Adobe CJK 單行視覺調整』命令。另一個方法是執行『文字 / 段落樣式 』命令開啟 [段落樣式] 面板，從面板選單中執行『樣式選項』命令，在 [齊行] 分頁如圖修改即可。

★ 3. 若是 Illustrator，則是在 [段落] 面板執行『Adobe 日文單行視覺調整』命令。

★ 4. 排版視覺調整一旦變更，文字的排列也會跟著變動。當排版已接近完成階段，或是在意再刷時的修改，建議不要變更比較保險。

★ 5. 在 Illustrator 的 [尋找及取代] 交談窗中可尋找的對象，僅限於文字列。

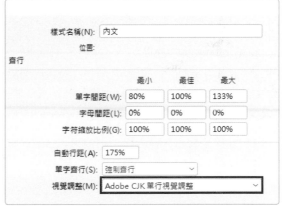

現在設定的會呈現勾選狀態。這個選單除了變更，也可用於確認。

　InDesign 還可利用 [**尋找 / 變更**][★5] 交談窗來變更視覺調整的設定。透過此交談窗，除了可尋找文字，連字級、段落樣式等文字屬性也可設定為尋找對象。

在 InDesign 的 [尋找 / 變更] 交談窗變更

STEP1. 執行『編輯／尋找 / 變更』命令，在 [尋找 / 變更] 交談窗的 [尋找格式] 區按下 [指定要尋找的屬性] 鈕。

STEP2. 開啟 [尋找格式設定] 交談窗切換到 [首字放大及其他] 分頁，設定 [視覺調整：Adobe CJK 段落視覺調整]，然後按下 [確認] 鈕。

STEP3. 在 [變更格式] 區也要設定為 [視覺調整：Adobe CJK 單行視覺調整]，然後按 [全部變更] 鈕。

STEP4. 按下 [完成] 鈕關閉交談窗。

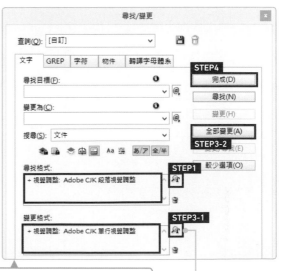

要逐一變更時，請先按下 [尋找下一個] 鈕選取內文，再按下 [變更] 鈕。

按此指定要變更的屬性

2-3 文字的外框化

把文字外框化，即可製作出不易受作業環境影響的完稿檔案。筆刷或圖樣裡包含的文字很容易忽略，需要外框化的時候，請務必徹底仔細檢查。置入影像或置入檔案內所包含的文字，也別忘了確認。

把文字外框化

如果把文字**外框化**[1]，遇到沒有安裝字體的作業環境也可如預期顯示。Illustrator 送印及 InDesign 送印若用到印刷廠沒有的字體，就必須將文字外框化。不過，一旦外框化就無法編輯文字內容，因此建議請務必先另存備份再外框化。

在 Illustrator 將文字外框化

STEP1. 執行『物件／全部解除鎖定』命令，然後執行『選取／全部』命令。
STEP2. 執行『文字／建立外框』命令。

如果文字有套用**外觀**屬性，可能會因為外框化而讓外觀產生改變。建議執行『物件／擴充外觀』命令展開外觀屬性並外框化，會比較不容易崩壞。

★ 1. Photoshop 中的文字，只要變更為「形狀」即可外框化，如果要用作完稿檔案，建議予以點陣化。在送印前將影像平面化或圖層合併，即可點陣化。

文字背後的矩形，是執行『效果／轉換為以下形狀／矩形』命令，套用 [尺寸：絕對尺寸] 所製成。此時，矩形是以文字的假想形體為基準來製成。

若套用 [建立外框]，基準尺寸會變成外框化文字的尺寸，因此矩形的尺寸會改變。

若套用 [擴充外觀]，矩形會和文字分開。之後若將文字外框化，仍可維持整體的視覺外觀。

KEYWORD
外框化

別名：文字轉外框、文字轉圖片、文字圖形化、文字圖像化

把文字轉換為路徑（保留字體形狀的外框化檔案）。一旦將文字外框化，就無法再編輯文字內容。有極少數的字體無法外框化。

確認字體是否已經外框化

　　要確認檔案裡沒有包含文字（已經外框化）[2]，可透過 **[文件資訊] 面板** 或 **[字體檢索] 交談窗**來確認。

在 Illustrator 的 [文件資訊] 面板確認

STEP1. 從 [文件資訊] 面板的選單勾選『字體』項目。
STEP2. 在相同選單取消『只限選取範圍』項目，然後在面板中確認顯示 [字體：無]。

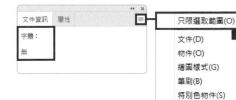

在 Illustrator 的 [尋找字體] 交談窗確認

STEP1. 執行『文字／尋找字體』命令。
STEP2. 在 [尋找字體] 交談窗確認顯示 [文件中的字體：(0)]，即可按 [完成] 鈕關閉交談窗。

容易忽略的殘留文字

　　比較麻煩的是**圖樣**、**筆刷**及**符號**中包含文字的狀況。這些物件即使套用了『建立外框』命令，內含的文字也無法外框化，必須先做額外的處理[3]。另外，即使有物件套用了內含文字的圖樣及筆刷，在 [文件資訊] 面板中也不會顯示[4]。要建立運用文字的圖樣及筆刷時，請務必養成在新增為圖樣或是筆刷前先將文字轉成外框的習慣。

封套
內容

執行『物件／封套扭曲』命令來變形文字時，選取 [內容] 可套用『建立外框』命令，但若是選取 [封套] 的狀態則無效。若執行『物件／展開』命令，可一併處理文字的外框化與變形的套用。另外，若是執行『效果／扭曲與變形』命令變形的文字，則可套用『建立外框』命令。

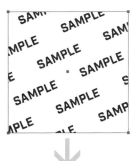

如果是內含文字的圖樣，先執行『物件／展開』命令，將圖樣展開後，即可執行『建立外框』命令將文字外框化。

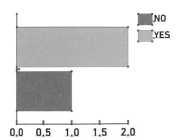

圖表若已解散群組，即可套用『建立外框』命令。

★ 2. 這個功能無法確認入影像及置入檔案。另外，如果是 PDF 送印也無法嵌入上述檔案使用的字體，請逐一用相關製作軟體來轉外框。

★ 3. 執行『建立外框』命令時，必須先做以下的處理。

展開	圖樣 符號 封套
擴充外觀	筆刷
解散群組	圖表

★ 4. [尋找字體] 交談窗雖然會顯示，不過一旦建立了包含文字的圖樣、筆刷或符號，就算將這些物件刪除，這些資訊也會一直殘留，所以並不絕對可靠。

2-4 處理置入的影像

Illustrator 及 InDesign 雖然可置入各式各樣的影像，但是可用於完稿檔案的檔案格式有限，而且還有［解析度］及［色彩模式］等許多需要留意的地方。

關於置入影像

廣義的「影像」包含像素集合體的點陣圖，以及用路徑畫的向量圖[1]，不過印刷用途提到的影像，大多是指**點陣圖**。本書也是以影像＝點陣圖為前提來解說。

點陣圖＝影像

照片屬於此類。向量圖若是經過點陣化，也屬於此類。

向量圖＝檔案

用路徑（貝茲曲線及 B-spline 曲線）繪製的插圖或設計。

置入 Illustrator 或 InDesign 等檔案的影像，稱為「**置入影像**」。要製作置入用的影像時，須留意［色彩模式］、［解析度］、［尺寸］這 3 點。

置入影像的 **[色彩模式]**，請根據彩色印刷（CMYK）、特別色單色印刷等不同用途來選擇。**[解析度]** 的設定，[CMYK 顏色] 與 [灰階] 約為原寸 **350ppi**，[點陣圖] 則必須是原寸 **600ppi** 到 **1200ppi** 左右[2]。[尺寸] 最好準備**原寸**，不過若 [解析度] 有達到上述程度的設定，約可承受 80% 到 120% 的縮放尺寸[3]。

★ 1. 利用 Photoshop「形狀」功能製作的設計，以及運用 Illustrator 的漸層網格產生色階變化的插圖，從外觀很難判斷是點陣圖或向量圖，因此用檔案格式分類（附檔名）。另外，本書中所提到的「EPS」格式，在 Photoshop 是儲存成點陣圖，在 Illustrator 則是儲存成向量圖。

點陣	• .psd • .tiff • .eps (Photoshop)
向量	• .ai • .eps (Illustrator)

★ 2. 也有些不適用的例子。若印刷廠有特別要求請比照辦理。

★ 3. 縮放時必須留意摩爾紋（干擾紋）。

> **KEYWORD**
> 置入影像
>
> 別名：讀入影像、置入圖稿
>
> 本書是指置入 Illustrator 或 InDesign 等版面編排軟體內的點陣圖。若是置入的 Illustrator 向量圖，本書稱之為「置入檔案」加以區別。

利用變更 [色彩模式] 時執行的『影像／模式』命令，也可變更影像的**位元數**[4]，完稿檔案目前最適合的是預設的 **[8 位元／色版]**。位元數，是指各像素構成影像時可使用的色彩資訊量，位元數愈高，可使用的顏色數量愈多，影像也愈細緻。雖然看起來愈高愈好，但請留意別設定為 [8 位元／色版] 以外的位元數[5]。

[解析度] 可在 **[影像尺寸] 交談窗**中變更。這個交談窗也可以用來變更影像尺寸，例如內容的縮放或畫布尺寸的變更，只要一次操作即可完成。

在 Photoshop 的 [影像尺寸] 交談窗中變更影像尺寸

STEP1. 執行『影像／影像尺寸』命令。
STEP2. 在 [影像尺寸] 交談窗變更 [寬度][6]，然後按下 [確定] 鈕。

★ 4. 與影像相關的位元數，有「1 位元」、「8 位元」、「16 位元」等。若是完稿檔案，只要記得 1 位元與 8 位元就可以了。1 位元是黑白點陣圖 (1 位元 = 2 的 1 次方 = 只能處理 2 個顏色)，8 位元會變成全彩 (1 位元 = 2 的 8 次方 = 可以處理 256 個顏色)。

★ 5. 只有設定 [色彩模式：點陣圖] 時，才能選擇 [1 位元／色版]。

★ 6. 因為預設的設定是 [強制長寬等比例]，所以輸入 [寬度] 時，[高度] 也會自動設定。

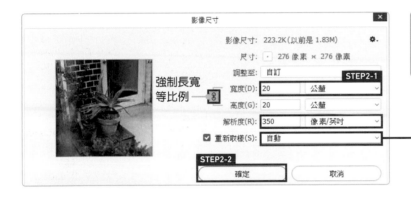

強制長寬等比例

STEP2-1
STEP2-2

用預設的 [自動] 進行最適當的設定。若是特別色印刷的完稿，要防止產生出原本沒有的顏色，建議選擇 [最接近像素 (硬邊)]。

自動	Alt+1
保留細節 (放大)	Alt+2
環迴增值法 - 更平滑 (放大)	Alt+3
環迴增值法 - 更銳利 (縮小)	Alt+4
環迴增值法 (平滑漸層)	Alt+5
最接近像素 (硬邊)	Alt+6
縱橫增值法	Alt+7

Ps

原始影像。
[寬度：40mm (551pixel)]、
[高度：40mm (551pixel)]、
[解析度：350ppi]。

在 [影像尺寸] 交談窗中變更為 [寬度：20mm]、[高度：20mm]。雖然改變了像素的構成，但仍可維持 [解析度]。

在 [影像尺寸] 交談窗取消 [重新取樣] 項目，然後再變更 [寬度] 或 [解析度]，可不改變像素結構同時變更尺寸。這裡是變更為 [解析度：600ppi]，然後 [寬度] 與 [高度] 都縮小為 [23.33mm]。

在 [影像尺寸] 交談窗變更為 [解析度：72ppi]。[寬度] 與 [高度] 維持不變。因為 [解析度] 降低，導致畫質變差，像素變得很明顯。

可置入 Illustrator 及 InDesign 的檔案格式

相關內容｜在排版檔中置入影像及檔案的方法 P68

可置入的影像中，能夠用於完稿檔案的，基本上是以 [色彩模式：CMYK 色彩] 儲存的檔案格式 ★ 7.。其中推薦的格式包括：**Photoshop 格式**、**Photoshop EPS 格式**、**TIFF 格式**。

除了影像，也可置入 **Illustrator 檔**及 **PDF 檔**等格式 ★ 8.。例如將內含版型設計的 Illustrator 檔置入 InDesign 檔，再透過 Illustrator 檔變更設計。要置入包含複雜路徑的版型設計，或是用 Illustrator 製成的向量圖時，比起直接複製貼上路徑，直接將整個 Illustrator 檔或 PDF 檔置入的作法會比較好處理。

★ 7. PNG 格式與 GIF 格式無法儲存為 [CMYK 色彩]，因此被排除了。JPEG 格式雖然可儲存為 [CMYK 色彩]，但畫質會變差。JPEG 雖然不適合用作可修改且要求高品質的完稿檔案，但一般合版印刷或是小量數位印刷亦可受理這類檔案。

★ 8. 關於置入檔案的方法請參照 P72。另外，有些印刷廠可能會禁止置入 PDF 檔。

檔案格式	副檔名	相容性	說明
Photoshop 格式	.psd	○	可保留 Photoshop 所有編輯功能的唯一格式。與其他 Adobe 軟體的相容性佳，Adobe 公司也建議置入影像時使用此種格式。 ※Photoshop 大型文件格式(.psb)，可儲存 Photoshop 格式無法負荷的巨型畫布尺寸檔案，長寬可達 300,000pixel，但無法用於完稿檔案。Photoshop 大型文件格式(.psb)也是智慧型物件的內部格式。如果把圖層轉換為智慧型物件，會置入為嵌入影像；若轉換為連結影像，則會以此種格式儲存(Photoshop CC 以後的版本才能使用連結影像)。
Photoshop EPS 格式	.eps	○	可同時包含點陣圖與向量圖。CS2 以前的置入影像是以此格式為主流。[色彩模式] 除了 [索引色] 及 [多重色版] 以外皆可使用，但無法保存透明部分。不可使用圖層遮色片及 Alpha 色版，但可以使用剪裁路徑。 EPS 是「Encapsulated PostScript」的縮寫。
TIFF 格式	.tif .tiff	○	把檔案的再生方式記錄在識別碼(標籤)內，儲存的自由度高，可靈活表現各種形式的點陣圖。具有不易受裝置環境影響的特點。Photoshop 的圖層、剪裁路徑、Alpha 色版也可保存(但是如果用 Photoshop 以外的軟體開啟還是會平面化)。其 [色彩模式] 除了 [雙色調] 及 [多重色版] 以外皆可使用。 TIFF 是「Tagged Image File Format」的縮寫。
JPEG 格式	.jpg .jpeg	△	可使用的 [色彩模式] 為 [CMYK 色彩]、[RGB 色彩]、[灰階]。無法保存透明部分。儲存時會因為壓縮而讓畫質變差，因此並不推薦用於完稿檔案。不過，因為存檔時會將影像平面化，可縮減檔案大小，因此輸出範本可以採用此格式。 JPEG 是「Joint Photographic Experts Group」的縮寫。
DCS1.0 格式	.eps	△	EPS 格式的一種，可使用的 [色彩模式] 只有 [CMYK 色彩]。其色版會分別儲存為獨立的檔案。印刷時，需要使用 PostScript 印表機。 DSC 是「Desktop Color Separations」的縮寫。
DCS2.0 格式	.eps	△	EPS 格式的一種，可使用的 [色彩模式] 只有 [CMYK 色彩] 以及 [多重色版]。支援多個特別色油墨(特別色油墨在 Illustrator 的 [色票] 面板中會顯示為特別色)。也可用於 6 色印刷或 8 色印刷的完稿檔案。
Illustrator 格式	.ai	○	這是可保存 Illustrator 所有編輯功能的唯一格式。置入時可在交談窗的 [選項] 指定範圍。
PDF 格式	.pdf	○	優點是能夠把檔案原封不動地置入。不過，有的印刷廠不允許將 PDF 檔用作置入檔。 PDF 是「Portable Document Format」的縮寫。

※ ○：相容性佳，△：必須留意。

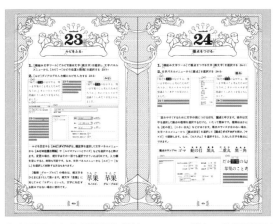

左上圖是正在處理排版作業的 InDesign 檔案。其版型設計完全交給置入背景的 Illustrator 檔負責。
右上圖就是將置入的 Illustrator 檔隱藏起來的狀態。

Id

Ai

在上例中負責處理版型設計的 Illustrator 檔。
好處是 Illustrator 可使用複雜的路徑與圖樣，
若有變更修改，InDesign 檔內的置入檔案也會
隨之更新。置入檔案內使用的字體無法用封裝
功能收集，而且也不能嵌入 PDF 檔，因此包含
文字時必須外框化。置入影像同樣不可收集、
嵌入，因此送印時須置入為嵌入影像。

可靠的置入影像檔案格式 – Photoshop 格式
相關內容│把完稿檔案儲存為 Photoshop 格式 P176

　　開發 Adobe 軟體的 Adobe 公司，在置入影像時推薦的檔案格式就是
Photoshop 格式[9]。優點是能夠保存 Photoshop 的所有編輯功能[10]，
而且畫質不會變差。舉例來說，在保留調整圖層的狀態下置入影像，置入
後即可個別調整。

　　不過，保留 Photoshop 的編輯功能確實方便，卻也可能造成輸出問題，
因此建議在轉存為 PDF 檔或送印前先行**點陣化**。許多印刷廠會建議將置入
的影像**平面化**或**合併圖層**，理由在於經過上述處理可將編輯功能點陣化。
送印前盡可能把影像平面化、圖層合併，或是置入點陣圖像會比較保險。

★ 9. 關於 Photoshop
格式的儲存，詳細請參
照 P175。

★ 10.Photoshop 格式
會完整保留文字圖層、
圖層效果、智慧型物件、
智慧型濾鏡等。

選項之一的 Photoshop EPS 格式

相關內容｜轉存為 Photoshop EPS 送印 P182

　　EPS 格式的檔案[11]，是包含 **PostScript 檔案（內容）**與**預視影像**的雙重構造，在螢幕上顯示時是使用預視影像。因此，若置入舊版的 Illustrator 檔內，畫質看起來會變差，但具有處理速度快的優點。另外，若是用非 PostScript 印表機印刷，會以預視影像的畫質來印刷。

　　關於預視影像，可在儲存時的 [EPS 選項] 交談窗中設定[12]。交談窗中的 **[預視]** 下拉選單，是用來設定預視影像的顏色，通常是選擇 **[TIFF（8 位元／像素）]**[13]。若選擇 [TIFF（1 位元／像素）][14]，將會變成黑白的預視影像。另外，不管選哪一種都會變成**低解析度**。

　　在 Photoshop 中存檔為此格式時，檔案內若包含文字圖層或形狀圖層，**[包含向量資料]** 會變成勾選狀態。若直接存檔雖然會保存文字圖層或形狀圖層的路徑狀態，但是無法保留 Photoshop 的編輯功能。若用 Photoshop 再次開啟這個檔案，路徑將以點陣化狀態顯示，無法編輯[15]。若需修改，請將原始檔儲存為 Photoshop 格式。另外，因為剪裁路徑並不包含在向量資料內，所以 [包含向量資料] 仍會呈現灰色無法選取的狀態。

★ 11. 關於 EPS 格式，Adobe 公司並不建議用作完稿檔案或置入影像。不過在用 Photoshop 格式及 TIFF 格式無法順利輸出時，可作為折衷方法。

★ 12. 關於 EPS 格式的儲存請參照 P180。這裡是用 Photoshop 儲存為 EPS 格式的解說，EPS 格式也可用 Illustrator 儲存。

★ 13. Illustrator 中是顯示為 [TIFF（8 位元色彩）]。

★ 14. Illustrator 中是顯示為 [TIFF（黑白）]。

★ 15. 若用 Illustrator 開啟，雖然可編輯路徑，但是完稿檔案基本上都建議把影像平面化。

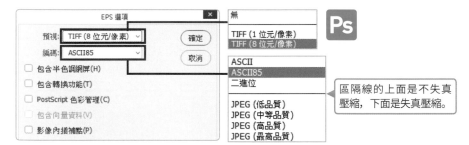

區隔線的上面是不失真壓縮，下面是失真壓縮。

PostScript 檔案（內容）
InDesign 的 [顯示效能] 若勾選 [一般顯示] 會顯示預視影像，若選 [高畫質顯示] 會顯示內容。Illustrator 則一開始就會顯示內容。

TIFF（8 位元／像素）的預視影像
變成彩色的預視影像。因為影像是低解析度，像素相當明顯。舊版 Illustrator 在開啟 EPS 影像時會變粗糙，因為是顯示這種預視影像。

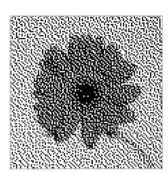

TIFF（1 位元／像素）的預視影像
變成黑白的預視影像。

可替置入影像上色的 TIFF 格式

相關內容｜替 TIFF 圖稿上色 P121

　　TIFF 格式可使用適合完稿檔案的 [色彩模式]，也可無損畫質地存檔（也可選擇壓縮方式），具有不易受裝置環境影響的特點。與 Photoshop EPS 格式一樣，TIFF 格式從以前就是完稿檔案或置入影像常用的檔案格式。

　　儲存時的 [TIFF 選項] 交談窗，主要是**壓縮**的相關設定。不壓縮時請選擇 **[影像壓縮：無]**，需要壓縮時，有 [LZW]、[ZIP]、[JPEG] 可供選擇★ 16. **[LZW]** 與 **[ZIP]** 是不失真壓縮，可維持畫質，但相對地會使檔案變大。**[JPEG]** 為失真壓縮，畫質難免會變差，但可減少檔案大小。

　　[儲存透明] 項目，是檔案內包含透明區域★ 17. 時可做的設定。若勾選，在用其他軟體開啟時，透明區域會以新增 **Alpha 色版**的形式保留。當影像由多個圖層構成時，可在 **[圖層壓縮]** 區選擇圖層影像的壓縮方式。**[RLE（儲存速度較快，但是檔案較大）]**、**[ZIP（儲存速度較慢，但是檔案較小）]** 都是不失真壓縮，畫質不會變差。若選取 **[放棄圖層並儲存拷貝]**，則會將影像平面化。

　　TIFF 格式的特點之一，在於 其 [色彩模式] 若是 **[灰階]** 或 **[點陣圖]**，在版面編排軟體內**可變更顏色**★ 18.。選取圖像後，替 **[填色]** 設定顏色，則黑色部分就會變成設定的顏色。

關於 [儲存影像金字塔] 項目，多數印刷廠會建議取消。若勾選可保留多種 [解析度] 的資訊，但 Photoshop 內沒有能夠使用此資訊的選項，印刷時也不會使用。

關於 [像素順序] 與 [位元組順序] 這兩個項目，設定哪一個都沒有問題，因此維持預設值即可。

關於 ICC 描述檔

　　存檔時的交談窗內有 ICC 描述檔的相關設定項目。若勾選 **[ICC 描述檔]**（Illustrator 是 **[內嵌 ICC 描述檔]**），則會在檔案內嵌入色彩描述檔。另外，[色彩模式：RGB 色彩] 的檔案，儲存時務必嵌入色彩描述檔★ 19.。[CMYK 色彩] 的完稿檔案，則會根據印刷廠的指示而改變。若不確定如何處理，建議直接詢問印刷廠。

★ 16. 完稿檔案建議選擇 [LZW]。關於壓縮方式的差異，請參照 P152。

★ 17. TIFF 檔案中若有 [不透明度：100%] 以外的部分，會被判讀為具有透明區域。但是，只要有任一圖層填滿 [不透明度：100%] 的顏色，就會被當作沒有透明區域。此外，有些印刷廠無法使用具透明區域、圖層、剪裁路徑的 TIFF 格式，請務必確認完稿須知。

★ 18. 要替置入影像設定特別色色票時也會很方便。具體的步驟請參照 P121。

★ 19. 接受 RGB 送印的印刷廠，也可以將 [色彩模式：RGB 色彩] 的影像及檔案當作完稿檔案使用，此時請務必在玩稿中嵌入色彩描述檔。關於 RGB 送印請參照 P178。

2-5 如何將影像去背

有很多方法都能替影像去背，有刪除圖層的背景像素、製作圖層遮色片及製作剪裁路徑等方法。用剪裁路徑去背有別於其他的去背方法，若條件符合，在輸出時可能不會被當作透明物件而被平面化。

把圖層內不需要的像素變透明

「去背」最簡單的方法是刪除「背景」只保留圖層[1]，然後**將不需要的像素刪除**。因為視覺呈現與結果一致，好處是不容易忘了處理。也有一些方法可以用無損原圖的方式將不需要的部分隱藏起來，例如用**圖層遮色片**或**向量圖遮色片**[2] 來隱藏。CS4 以後，圖層遮色片及向量遮色片都可以做刷淡濃度、模糊邊緣等處理，比起用剪裁路徑去背，表現的手法更多元。

不過 [色彩模式：點陣圖] 與 Photoshop EPS 格式無法保留透明部分，因此無法使用上述方法。另外，用上述方法去背的影像一旦置入 Illustrator 或 InDesign，會被當作**透明物件**。

[1]. 用數位相機拍攝的照片這類影像，在置入 Photoshop 後只會顯示「背景」，處理前要將「背景」轉成圖層。請雙按 [圖層] 面板的「背景」，或是 CC 以後的版本可按下「背景」右側的鎖頭圖示，即可將「背景」轉成圖層。

[2]. 向量圖遮色片與剪裁路徑一樣，具有可用路徑精準劃分顯示／非顯示區域的優點。不過，以相同的去背效果來說，若是用剪裁路徑去背，即使是不支援透明的儲存格式，仍可能保留複雜的構造。

向量圖遮色片

選取 [路徑] 面板的路徑，然後執行『圖層／向量圖遮色片／目前路徑』命令，即可建立向量圖遮色片。

選取圖層遮色片或向量圖遮色片，即可用 [內容] 面板的 [濃度] 調整遮色片的不透明度。若將 [羽化] 變更為 [0 像素] 以外的數值，即可柔化邊緣。

KEYWORD
透明物件

有透明區域的物件，包含：沒有「背景」只有圖層的影像、隱藏「背景」的影像、去背影像、使用透明效果的部分、物件 [點陣化] 時套用 [背景：透明] 的部分。

使用剪裁路徑去背

Photoshop 的**剪裁路徑**，是用 [路徑] 面板的路徑替影像去背的功能。去背後，在 Photoshop 中的畫面不會產生變化，但是在置入 Illustrator 或 InDesign 時，就會呈現去背狀態。此外，關於剪裁路徑的使用與否，可在置入時的 **[讀入選項] 交談窗**[★3] 中選擇。

在 Photoshop 建立剪裁路徑

STEP1. 在 [路徑] 面板選取路徑[★4]。
STEP2. 從 [路徑] 面板的選單執行『剪裁路徑』命令。
STEP3. 按下 [剪裁路徑] 交談窗的 [確定] 鈕。

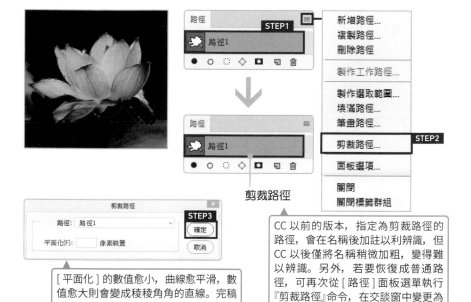

剪裁路徑

[平面化] 的數值愈小，曲線愈平滑，數值愈大則會變成稜稜角角的直線。完稿檔案若直接維持空白欄位，輸出時會自動設定適當的數值。

CC 以前的版本，指定為剪裁路徑的路徑，會在名稱後加註以利辨識，但 CC 以後僅將名稱稍微加粗，變得難以辨識。另外，若要恢復成普通路徑，可再次從 [路徑] 面板選單執行『剪裁路徑』命令，在交談窗中變更為 [路徑：無] 後按下 [確定] 鈕。

設定後，向量圖遮色片與剪裁路徑一樣，但若進一步在 [內容] 面板調整邊緣，即可擴大去背範圍，而且向量圖遮色片還可以即時確認完成狀態，因此剪裁路徑感覺不再像以前那麼好用，不過還是建議記起來作為備案。Photoshop 格式、Photoshop EPS 格式、TIFF 格式[★5] 無論何種 [色彩模式] 皆可使用剪裁路徑，與圖層遮色片及向量圖遮色片不同，即使是不支援透明的儲存格式，仍**可不被當成透明物件而平面化**[★6]。

★3. 要透過 [讀入選項] 交談窗置入，可執行『檔案／置入』命令，勾選『顯示讀入選項』。剪裁路徑預設是使用，因此不透過此交談窗也會反映出來。

★4.「工作路徑」不可直接轉換為剪裁路徑。此時，請從 [路徑] 面板的選單執行『儲存路徑』命令先行儲存。

★5. 雖然罕見，但還是有印刷廠不可使用具剪裁路徑的 TIFF 格式檔案作為完稿檔案。

★6. 可平面化時僅限於具備以下條件的檔案：已經去背的檔案裡，包含「背景」且未切換為隱藏，或是沒有對周圍造成影響的透明物件。

KEYWORD

剪裁路徑

別名：去背路徑

用來替影像去背的路徑。若把影像中的路徑轉換為剪裁路徑，一旦置入 Illustrator 或 InDesign 等版面編排軟體內，該影像就會呈現去背狀態。

用 Alpha 色版去背

　　Photoshop 的 **Alpha 色版**，若在**置入 InDesign 時**的 **[影像讀入選項]**
交談窗★7. 中指定，即可當作去背遮色片使用。支援 Alpha 色版的是
Photoshop 格式與 **TIFF 格式**，不過兩者都無法在 [色彩模式：點陣圖] 的
狀態下建立 Alpha 色版。另外，利用 Alpha 色版去背，會被當成**透明物件**。

★7. Alpha 色版必須透過 InDesign 的 [影像讀入選項] 交談窗來指定。具體步驟請參照 P70。另外, Illustrator 不可使用 Alpha 色版的去背。

建立去背用的 Alpha 色版

STEP1. 建立去背用的選取範圍，然後執行『選取／儲存選取範圍』命令。
STEP2. 按下 [儲存選取範圍] 交談窗中的 [確定] 鈕。

若顯示 Alpha 色版，
去背部分預設會顯示
為紅色。

交談窗的設定維持預設值即可。也有從 [色版]
面板的選單執行『新增色版』命令的方法，不過若
是利用儲存的選取範圍，則只需一次的操作就能
完成 Alpha 色版的建立與遮色片範圍的填色。

Alpha 色版 可用
[筆 刷 工 具] 或
[橡皮擦工具] 等
工具來繪圖。色
版中的黑色區域
將會去背。

Alpha 色版

若置入 InDesign，Alpha 色版的
黑色區域會呈現去背狀態。

要套用 Alpha 色版的去背，可在 InDesign 的 [影像讀入選項] 交談窗的
[影像] 分頁中選擇 Alpha 色版。

KEYWORD
Alpha 色版

色版的一種。若在 [色彩模式：點陣圖] 的狀態下將無法建立。可從 [色版] 面板
的選單執行『新增色版』命令，或是儲存選取範圍來建立 Alpha 色版。置入
InDesign 時的 [影像讀入選項] 交談窗，可從中選取要使用哪一個 Alpha 色版來
當作去背遮色片。

在版面編排軟體中使用剪裁遮色片

在版面編排軟體中，也有替置入影像用路徑★ 8. 去背的方法。此功能稱為「**剪裁遮色片**」★ 9.，Illustrator 和 InDesign 都可以使用。不過，製作方法與構造有所差異。

在 Illustrator 建立剪裁遮色片

STEP1. 將作為遮色片的路徑配置到最前面。
STEP2. 選取路徑與影像，執行『物件／剪裁遮色片／製作』命令。

★ 8. 遮色片用的路徑，除了路徑及複合路徑之外，還可使用複合形狀、群組、文字等。因為外觀屬性會被忽略，因此請先執行『物件／擴充外觀』命令反映到路徑上。

遮色片用的路徑
剪裁路徑

圖形框

這個圖形框設有 [筆畫]。

一旦建立剪裁遮色片，遮色片的路徑就會變成剪裁路徑，原本設定的外觀屬性會被刪除。

在 Illustrator 一旦製作剪裁遮色片，作為遮色片用的路徑就會變成**剪裁路徑**。若替剪裁路徑設定 [筆畫]，也可替影像加上框線★ 10.。

若把影像置入 InDesign，會自動加上與影像相同尺寸的**圖形框**。圖形框具有與剪裁路徑相同的作用。已經置入 InDesign 的影像，全部都會呈現已建立剪裁遮色片的狀態。另外，也可替圖形框設定 [筆畫]。

InDesign 也可像 Illustrator 一樣，將特定的路徑變成圖形框，方法有以下 3 種：一、選取路徑後，執行『檔案／置入』命令★ 11.；二、直接從檔案視窗往路徑內側**拖曳**；三、選取已去背影像，然後執行『編輯／剪下』命令剪下，接著再選取路徑，執行『編輯／**貼入範圍內**』命令貼入。第三個方法，在需要替換已置入影像的圖形框時會很好用。

★ 9. 利用剪裁遮色片去背，除了影像，物件也可使用。雖然製作方法及構造不同，但是也可用 Photoshop 製作。

★ 10. 若使用此方法，部分印刷廠不允許用於完稿檔案，建議先洽詢。

★ 11. 必須在 [置入] 交談窗勾選 [取代選取項目] 項目。

KEYWORD

剪裁路徑

替影像或物件去背的結構。Illustrator 的剪裁路徑與去背影像，會整合在一起稱為「剪裁群組」或「剪裁組」。剪裁群組最前面的路徑就是剪裁路徑。除了路徑外，文字也可作為遮色片。另外，若是使用 Photoshop，影像也可作為遮色片。剪裁群組最後面的圖層會變成遮色片。

2-6 置入影像及檔案

影像及檔案雖然也可從檔案視窗拖曳置入，但是若透過交談窗置入，則可指定遮色片功能的開啟／關閉，以及圖層的顯示／隱藏等細節。請根據製作內容靈活運用。

在排版檔中置入影像及檔案的方法

相關內容｜可置入 Illustrator 及 InDesign 的檔案格式 P60

在 Illustrator 檔案及 InDesign 檔案（排版檔★1.）中，要置入影像★2. 或是檔案★3. 時，有從檔案視窗拖曳，以及透過 [讀入選項] 交談窗這兩種方法。

從檔案視窗拖曳，能夠以輕鬆直覺的方式置入，但是無法切換遮色片功能的開啟／關閉。此外，用這個方法置入的影像及檔案，全都會變成連結置入影像或連結置入檔案。

要透過 [**讀入選項**] **交談窗**置入，請執行『檔案／置入』命令，在交談窗中勾選 [**顯示讀入選項**]★4.。在 [讀入選項] 交談窗中，可控制剪裁路徑及 Alpha 色版的使用與否、圖層是否平面化、剪裁範圍等。另外，交談窗的內容會隨檔案格式而改變。

即使勾選 [顯示讀入選項] 項目，也可能因為軟體或檔案格式的不同，而沒有顯示 [讀入選項] 交談窗★5.。此時，會直接跳到下一個操作（指定置入位置）。

在 Illustrator 檔中置入影像

Illustrator 在置入時，即使勾選 [顯示讀入選項] 項目，也不一定會顯示 [讀入選項] 交談窗★6.。會顯示此交談窗的，僅限於具有**圖層構圖**★7. 的 Photoshop 格式等檔案。

Illustrator 在置入時，無法切換剪裁路徑的開啟／關閉，總是以套用狀態讀入。若讀入已置入具剪裁路徑之影像的影像，則剪裁路徑與影像會分別讀入，這些會變成已建立剪裁遮色片的狀態。另外，Illustrator 無法使用 Alpha 色版去背（帶有 Alpha 色版的影像置入後不會呈現去背狀態）。

★1. Illustrator 檔 及 InDesign 檔 等版面與頁面的設計檔案，在本書中統稱為「排版檔」。

★2. 完稿檔案可用的置入影像檔案格式，主要有 Photoshop 格式、Photoshop EPS 格式、TIFF 格式。本書的解說也是限定這 3 種格式。

★3. 完稿檔案可用的置入檔案格式，主要是 Illustrator 格 式、PDF 格式。

★4. Illustrator 可 在 [置入] 交談窗中選擇連結影像／嵌入影像。關於連結影像與嵌入影像，請參照 P76 的解說。

★5. 若是只有「背景」的影像，因為沒有其他選擇，所以會跳到顯示。

★6. 置入 Photoshop EPS 格式的影像時不會顯示。

★7.「圖層構圖」是 Photoshop 的 功 能。圖層顯示／隱藏的組合無法儲存為預設值，因此不建議用作完稿檔案。

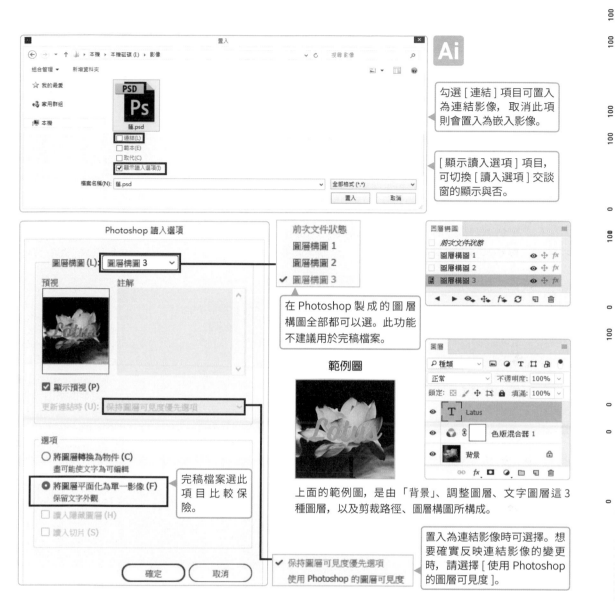

勾選 [連結] 項目可置入為連結影像，取消此項則會置入為嵌入影像。

[顯示讀入選項] 項目，可切換 [讀入選項] 交談窗的顯示與否。

在 Photoshop 製成的圖層構圖全部都可以選。此功能不建議用於完稿檔案。

範例圖

上面的範例圖，是由「背景」、調整圖層、文字圖層這 3 種圖層，以及剪裁路徑、圖層構圖所構成。

完稿檔案選此項目比較保險。

置入為連結影像時可選擇。想要確實反映連結影像的變更時，請選擇 [使用 Photoshop 的圖層可見度]。

連結影像

若置入為連結影像，會變成只能選擇 [選項：將圖層平面化為單一影像] 這個選項，不會替連結影像添加變更。

嵌入影像
把圖層轉換為物件

文字及形狀圖層的路徑會被分離，並置入為可編輯的狀態。

剪裁路徑

嵌入影像
將圖層平面化為單一影像

剪裁路徑不論是選擇 [將圖層轉換為物件] 或 [將圖層平面化為單一影像]，都會置入為路徑。

在 InDesign 檔中置入影像

在 InDesign 的 [讀入選項] 交談窗中，可以進行比 Illustrator 更詳細的設定。這個交談窗在置入 **Photoshop 格式**及 **TIFF 格式**時就會顯示，除了圖層構圖的選擇外，還可個別切換**圖層的顯示／隱藏**★ 8.。此外，也可使用 **Alpha 色版去背**★ 9.。

若是 Photoshop EPS 格式，則會顯示 [EPS 讀入選項] 交談窗。這個交談窗的內容主要是**剪裁路徑**的相關套用設定。

另外，將影像置入 InDesign 時，若從檔案視窗拖曳、或透過 [讀入選項] 交談窗，這兩種方法都會讓置入的影像變成**連結影像**。

★ 8. 完稿檔案在置入影像時，建議先將影像平面化，或是合併成單一圖層。雖然可以切換圖層的顯示／隱藏，但不建議用作完稿檔案。

★ 9. 只有在 InDesign 置入 Photoshop 格式檔案時才可以使用全部的設定項目，若是置入 TIFF 格式檔案，則會有部分項目不顯示。

置入 Photoshop 格式的影像

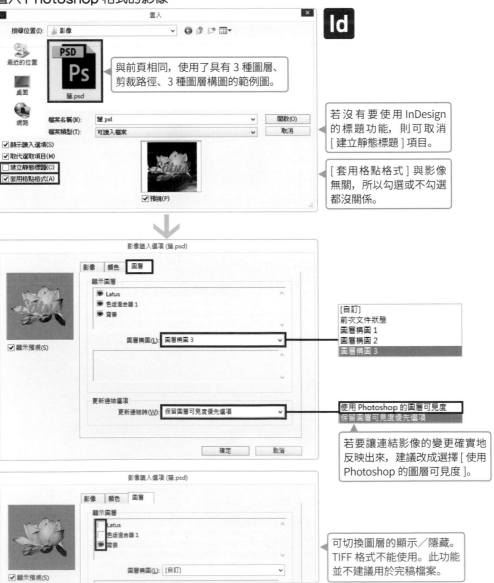

與前頁相同，使用了具有 3 種圖層、剪裁路徑、3 種圖層構圖的範例圖。

若沒有要使用 InDesign 的標題功能，則可取消 [建立靜態標題] 項目。

[套用格點格式] 與影像無關，所以勾選或不勾選都沒關係。

若要讓連結影像的變更確實地反映出來，建議改成選擇 [使用 Photoshop 的圖層可見度]。

可切換圖層的顯示／隱藏。TIFF 格式不能使用。此功能並不建議用於完稿檔案。

這個分頁的設定維持預設即可。

若勾選 [套用 Photoshop 剪裁路徑]，也會一併讀入剪裁路徑，可在 InDesign 編輯。另外，一旦在 InDesign 中編輯過剪裁路徑，Photoshop 檔案的剪裁路徑就會失效，即使用 Photoshop 修改原始影像的剪裁路徑，也不會反映在置入影像上。

先切換到 [直接選取工具] 工具，將游標移至影像上，就會顯示讀入 InDesign 的剪裁路徑。

置入 EPS 格式的影像

若要使用嵌入的預視影像，請選擇 [使用 TIFF 或 PICT 預視]，忽略則選 [點陣化 PostScript]。為了不影響印刷結果，都不選也沒關係。

勾選 [套用 Photoshop 剪裁路徑]

若勾選 [套用 Photoshop 剪裁路徑] 項目，會讀入剪裁路徑，可在 InDesign 中編輯。若 Photoshop 的原始影像的剪裁路徑有所變更，將連結影像更新後即會反映出來。

取消 [套用 Photoshop 剪裁路徑]

若取消 [套用 Photoshop 剪裁路徑] 項目，會將剪裁路徑置入為去背狀態。原始影像的剪裁路徑有所變更即會反映出來。

Photoshop 格式與 EPS 格式的剪裁路徑差異

case-A 與 case-B 的差異，從 [連結] 面板的縮圖可以看出來。Photoshop 格式的剪裁路徑是以失效狀態置入影像，EPS 的剪裁路徑則是以內含路徑的狀態置入。兩者的影像，讀入 InDesign 後都會變成經過剪裁路徑去背的構造。

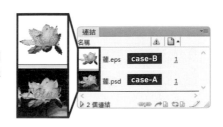

71

在 Illustrator 檔中置入檔案

要將 Illustrator 檔或 PDF 檔置入 Illustrator 檔，一開始先執行『檔案／置入』命令，透過 **[置入 PDF] 交談窗**[*10.] 的方法會比較確實。置入檔案與置入影像不同，**[裁切至]** 會出現多個選項可供選擇。在交談窗中選擇的 [裁切至] 設定，也會套用到之後拖曳置入的檔案上。

置入檔案時不論是 Illustrator 格式 (.ai) 或 PDF 格式，都會顯示出相同的交談窗[*11.]。[裁切至] 的選項也相同。由於選項名稱非常容易混淆，建議先記住用工作區域及裁切標記裁切的 **[剪裁方塊]**，以及追加出血範圍的 **[出血方塊]**。這兩種設定的內容變化不會影響裁切範圍，因此即使原始檔有所變更，排版檔內的位置也不會跑掉。

★ 10. 要開啟 [置入 PDF] 交談窗，請勾選 [讀入選項] 項目。

★ 11. 從交談窗名稱即可得知，Illustrator 檔也比照 PDF 檔處理。若使用 Illustrator 9 以後的版本，Illustrator 檔的內部處理變成以 PDF 為基準。

把 Illustrator 檔案置入 Illustrator 檔

工作區域　　出血

置入檔案時的圖層是顯示或隱藏，將會改變裁切結果。

裁切範圍是用點線框起來。若包含多個工作區域，需指定工作區域。

邊框
下圖是隱藏「背景」圖層後置入的結果。顯示的物件變成邊界，超過出血的部分會被裁切。

作品方塊
無關圖層的顯示／隱藏，將檔案內包含的物件作為邊界，超過工作區域的部分會被裁切。

裁切方塊
顯示 Acrobat Pro 中所設定的顯示印刷區域。如果是 Illustrator 檔案，會與 [出血方塊] 相同。

剪裁方塊
會顯示工作區域內側的物件。

出血方塊
會顯示出血內側的物件。

介質方塊
顯示檔案設定的紙張尺寸區域。如果是 Illustrator 檔案，會與 [出血方塊] 相同。

在 Illustrator 檔案中，置入 Illustrator 轉存的 PDF 檔

置入的範本是用 Illustrator 轉存 PDF 時添加裁切標記的檔案。轉存時添加的裁切標記及色彩導表，會被當作物件。[出血方塊] 並不是工作區域中設定的出血，而是轉存時設定的出血。

剪裁方塊
會顯示裁切標記（工作區域）的內側。

出血方塊
會顯示出血的內側。

邊框：作品方塊／裁切方塊／介質方塊
會顯示整體物件。

在 Illustrator 檔案中置入
已設定印刷邊界並以 InDesign 轉存的 PDF 檔

※ 選擇 [剪裁方塊] 與 [出血方塊] 的結果，與上例相同。

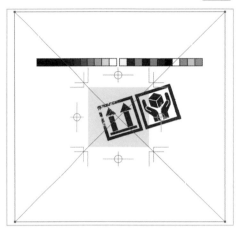

邊框
顯示整體物件。

作品方塊／裁切方塊／介質方塊
顯示 PDF 檔的印刷邊界區域（請參照 P154）。

在 Illustrator 檔中嵌入連結檔案

相關內容｜嵌入連結影像 **P77**

若把置入 Illustrator 檔的 Illustrator 檔[12] 及 PDF 檔嵌入，會被分解成**路徑**。物件的外觀屬性會被展開，而連結檔案裡置入的影像，無論是連結影像或嵌入影像一概都會嵌入。因為會整合成剪裁遮色片（剪裁群組），若執行『物件／剪裁遮色片／釋放』命令，即可釋放其中的路徑。

★ 12. Illustrator 格式的置入檔案，須留意該檔案內置入的影像及文字。送印前，請先將連結影像轉換為嵌入影像，並將文字外框化。

嵌入 Illustrator 檔
出血之外的物件，只要有覆蓋到出血範圍的都會包含在檔案內，一旦解除剪裁遮色片，就會顯示出來。

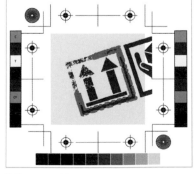

嵌入 PDF 檔
轉存 PDF 檔時添加的裁切標記與色彩導表，也會被分解成物件。文字則會維持原狀不被外框化。

在 InDesign 檔中置入檔案

在 InDesign 檔內置入檔案時也是如此，[裁切至] 的選項有許多種，這裡也建議記住用工作區域及裁切標記裁切的 **[剪裁]** ★ 13.，並追加出血範圍的 **[出血]**。InDesign 在 [置入 PDF] 交談窗中**切換圖層的顯示／隱藏**★ 14.。另外，有別於 Illustrator 的是，InDesign 中即使轉換為嵌入檔案，也不會分解成路徑。

★ 13.等 同 Illustrator 的 [剪裁方塊]。

★ 14. 可切換圖層顯示的 PDF 檔，僅限於儲存為可保留圖層的 PDF 1.5 以後版本的檔案。不過這個功能，印刷廠的版本可能無法配合，因此也不建議當作完稿檔案送印。

把 Illustrator 檔置入 InDesign 檔

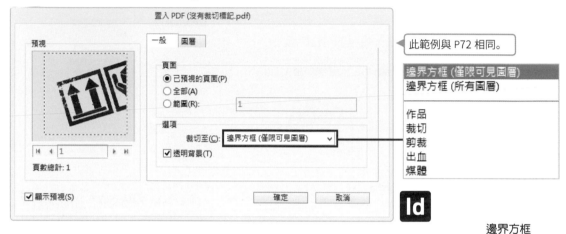

此範例與 P72 相同。

邊界方框 (僅限可見圖層)
邊界方框 (所有圖層)

作品
裁切
剪裁
出血
媒體

邊界方框

邊界方框
（僅限可見圖層）
下圖是隱藏「背景」圖層後置入的結果。有顯示圖層的物件會作為邊界方框。超過出血處會被裁切。

邊界方框
（所有圖層）
不管圖層顯示與否，將檔案內包含的物件作為邊界方框。超過出血範圍的部分會被裁切。

作品
不管圖層顯示與否，將檔案內包含的物件作為邊界方框。若有超過工作區域的部分會被裁切。

剪裁
顯示工作區域內側。

裁切／出血／媒體
顯示出血的內側。

在 InDesign 檔案中置入已設定好印刷邊界區域並以 InDesign 轉存的 PDF 檔

原始 InDesign 檔的狀態。
出血（紅框）的外側設定了
印刷邊界區域（藍框）。讀
入時使用的範例，是在轉
存 PDF 時勾選了 [包含印
刷邊界區域] 的檔案。

印刷邊界區域

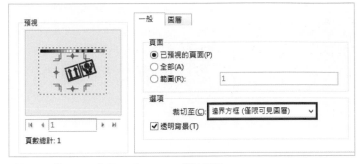

[裁切至] 的選項，與置入 Illustrator 檔時相同。

[保留圖層可見度優先選項] 是保留置入時的圖層顯示。若要確實
反映 PDF 檔的變更，請選擇 [使用 PDF 的圖層可見度]。

使用 PDF 的圖層可見度
保留圖層可見度優先選項

顯示所有圖層的狀態，選
擇 [邊界方框（所有圖層）]
後置入的結果。若選擇
[邊界方框（僅限可見圖
層）] 也是相同結果。

**邊界方框
（僅限可見圖層）**
以顯示中圖層的物件作
為邊界方框，並顯示其
內側的物件。

**邊界方框
（所有圖層）**
將檔案包含的所有物件
作為邊界方框，並顯示
其內側的物件。

剪裁
顯示裁切標記（頁
面）的內側。

出血
顯示出血的內側。

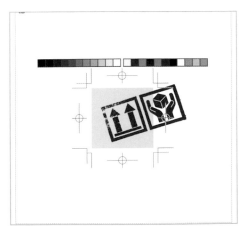

裁切／媒體
顯示印刷邊界區域的內側。

2-7 連結影像與嵌入影像

在置入影像時，有「連結影像」與「嵌入影像」兩種選擇。這與完稿檔案的構成有關，因此務必仔細區別兩者的特徵並靈活使用。

連結影像與嵌入影像的差異

置入影像[1]，有連結影像與嵌入影像兩種。**連結影像**是參照檔案外部的影像，所以當原始影像有所變更時，置入影像也會隨之更新。不過，送印時必須隨附檔案以免缺圖，一旦連結影像數量過多，易造成管理的麻煩。另一方面，**嵌入影像**是將影像嵌入檔案內部的方式，與原始影像徹底劃清關係，因此即使原始影像有所變更，也不會反映在嵌入影像上。若將影像全部嵌入有個好處，就是一個檔案即可送印，比較省事。

兩者有各自的優缺點[2]，且各家印刷廠的規定不一，建議仔細確認。

★ 1. 置入檔案也有「連結檔案」與「嵌入檔案」這兩種，這裡合併解說。

★ 2. 僅限 Illustrator 送印的優點。PDF 送印在轉存時會自動嵌入，InDesign 送印則必須隨附連結影像，因此較沒有機會使用嵌入影像。

	連結影像	嵌入影像
原始影像有變更修改	會反映	不會反映
印刷廠進行色調調整	可	不可
連結遺漏的疑慮	有	沒有
檔案大小	小	大

→ 遺漏的連結
→ 修改過的連結
→ 已嵌入的影像（嵌入影像）
→ 連結影像

Illustrator 的 [連結] 面板。「遺漏的連結」是更動過檔案位置的連結影像，「修改過的連結」是原始影像有變更修改，表示有差異。

KEYWORD
連結影像

以連結方式置入檔案中的影像。連結是絕對路徑，若將檔案移動到工作用電腦以外的位置可能會導致連結遺失。建議與置入的檔案放置在相同階層，可避免連結遺漏。好處是可以節省檔案大小，且部分印刷廠能協助調整影像的色調，但須留意缺檔問題。

KEYWORD
嵌入影像

以嵌入方式置入檔案中的影像。一個檔案即可送印，相當省事，缺點是嵌入的影像會增加檔案大小，且印刷廠不可調整影像的色調。

把連結影像嵌入檔案中

要嵌入連結影像時，Illustrator 與 InDesign 都是在 **[連結] 面板**處理。Illustrator 也可按下 **[控制] 面板**的 **[嵌入]** 鈕來嵌入連結影像。

在 Illustrator 嵌入連結影像（Photoshop 格式）

STEP1. 對有連結影像的圖層★3. 解除鎖定，然後在 [連結] 面板選取影像★4.。
STEP2. 從面板選單執行『嵌入影像』命令。
STEP3. 在 [Photoshop 讀入選項] 交談窗中選擇 [將圖層平面化為單一影像]，然後按下 [確定] 鈕。

★3. 若連結影像所在圖層鎖定，將無法增添變更。

★4. 雖然也可選取多個影像，但逐一選取嵌入比較保險。同時嵌入多個影像，尺寸及位置可能會改變。

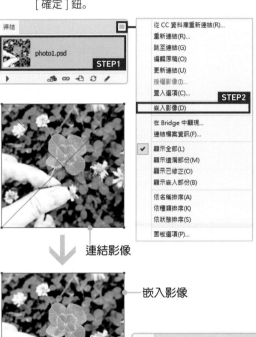

連結影像

嵌入影像

若變更為嵌入影像，預視影像的對角線會消失，並且顯示嵌入影像的圖示。

會顯示與讀入嵌入影像時相同內容的交談窗。[選項] 區各選項的設定結果，請參照 P69。

Photoshop 的連結影像

🔲 嵌入影像
🔲 連結影像

從 Photoshop CC 版本開始，**Photoshop** 也可處理**連結影像**。不過，具連結影像的 Photoshop 檔案，現在還無法用於完稿檔案或置入影像，送印前必須把影像平面化。

Photoshop 的連結影像與嵌入影像，屬於**智慧型物件**的一種。[圖層] 面板中的圖示，透過 [內容] 面板的標記可區別。「連結的智慧型物件」是連結影像，「嵌入的智慧型物件」是嵌入影像。按 [內容] 面板最下方的 [嵌入] 鈕或 [轉換為連結物件] 鈕也可切換。

檢視置入影像的資訊

要檢視置入影像的資訊，Illustrator 可在 **[文件資訊] 面板**，InDesign 可在 **[連結] 面板**中檢視。Illustrator 若在面板選單分別勾選『**連結影像**』或『**嵌入影像**』命令，可一併顯示相關影像的資訊。InDesign 只會在面板下方顯示選取中影像的資訊。

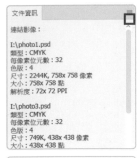

連結影像的層級與檔名

相關內容｜用封裝功能彙整檔案 P168

用連結影像送印時，務必留意層級與檔案名稱[5]。從結論來說，連結影像請放在**與排版檔相同層級內**，且**檔案命名不可以重複**。

連結影像與版面編排軟體連結的路徑是「絕對路徑」。絕對路徑也稱為「完整路徑」，檔案的位置會連同電腦名稱一起記錄。因此，只要搬移到其他電腦就會找不到檔案位置，而會發生連結遺漏的問題。

避免連結遺漏的方法，是將檔案與排版檔都放在同一層級內。容易引發連結遺漏的例子很多，包括在排版檔所在層級內新增置放連結影像的資料夾、為了送印而將檔案存出電腦等因素。遇到上述狀況，只要將連結影像移到資料夾外，使其與排版檔放在同一層級，即可恢復連結。印刷廠雖然也可用此方法讓恢復連結，但此時若有相同名稱的檔案，就必須覆蓋或重新命名，而發生出乎意料的結果。為求工作效率，若將連結影像分配到多個資料夾時，請留意不要使用重複的檔名。

[5]. 檔案名稱的開頭，若有使用半形括弧「{」會變成連結遺漏，因此請勿使用此符號來命名。

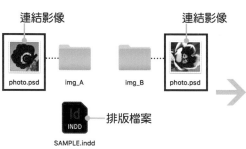

相同檔名在封裝時的檔名變更例

SAMPLE.indd

假設資料夾「img.A」與「img.B」中，存有相同檔名的檔案。

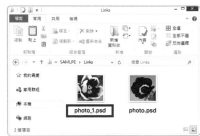

用封裝功能彙整檔案時，會改變相同檔名中的其中一個檔名。

使用封裝功能[6]時，也會將連結影像集中到一個資料夾中。檔案事先設定不同的檔名，可避免封裝時的問題[7]。另外，要統一變更大量的檔名時，**Bridge**[8]這套軟體會很好用。

用 Bridge 統一在檔名前面加上「imgA_」

STEP1. 在 Bridge 全選要變更檔名的檔案，然後執行『工具／重新命名批次處理』命令。
STEP2. 在「重新命名批次處理」交談窗中確認 [預設集：預設][9]，然後在 [新增檔名] 區設定 [文字：imgA_]、[目的的檔名：名稱]。
STEP3. 按下 [預視] 鈕確認，然後按下 [重新命名] 鈕。

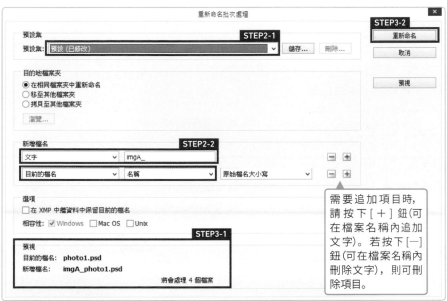

在選取的 4 個檔案名稱前面，追加了「imgA_」。

★ 6. 請參照左頁下圖。封裝功能請參照 P168。

★ 7. 可能會發生檔案覆蓋、檔名變更等問題。

★ 8. Bridge 是 Adobe 的軟體之一，可管理所有以 Adobe 軟體製作的文件，具備簡易調整圖片、批次命名 ... 等多種管理功能。

★ 9. [預設] 是新增文字列的預設值。

需要追加項目時，請按下 [＋] 鈕(可在檔案名稱內追加文字)。若按下 [－] 鈕(可在檔案名稱內刪除文字)，則可刪除項目。

選擇 [預設集：字串替代]，然後在 [尋找] 欄位輸入欲刪除的文字列，[取代為] 欄位保持空白不輸入任何文字，套用後即可刪除檔名內的特定文字。

2-8 透明度平面化

運用圖層遮色片替影像去背或是加上 [陰影] 等透明效果相當好用，但是用於完稿檔案時必須稍微留意。製作時最好預想一下轉存與存檔時被平面化的可能性。

透明物件須格外留意的原因

　　從 Illustrator 9 或 InDesign 2 開始導入**透明**的概念，因此開始可以使用圖層遮色片置入去背影像，以及使用 [混合模式] 表現透明感[1]。有使用到這類透明效果的物件，就稱為「**透明物件**」。

　　透明物件固然方便，但是若隨意用在完稿檔案上，可能會發生意料外的結果或造成輸出問題。這是因為所謂的「透明」，在頁面記述語言 PostScript 或印刷品的世界中，是根本不存在的概念。在這個世界裡，有用到透明的完稿檔案無法直接印刷，必須進行特別處理。這項處理，就是「透明度平面化」。

　　雖說是透明，我們還是可以想成由某種顏色設定而成的像素集合體。「透明度平面化」也是基於這種想法，將透明物件或是受其影響的部分，分割成顏色或影像，而複雜的合成部分則予以點陣化。經由上述處理，可以讓透明的物件全部變成 [**不透明度：100%**] 的物件，如此一來雖然可以印刷，但檔案的構造會變複雜，也可能因此衍生其他問題。在使用「PDF／X-la」及 EPS 格式等不支援透明的儲存格式送印時，就必須要進行這項處理。

　　不過，若用版本 9 以後的 Illustrator 形式儲存，即可保存透明物件，加上近年來支援透明的 PDF 規格以及軟體版本也陸續登場，要將透明物件直接送印也並非不可能。不過，可接受的印刷廠有限，送印後的處理最終還是得平面化，因此透明度平面化的步驟，我們最好還是要記起來。

★ 1. Adobe 開 發 的 PDF 格式具有透明的概念。從 Illustrator 9 開始可以使用透明物件，從這個版本開始，內部處理變成以 PDF 為基準。另外，若是儲存為 Illustrator 9 以後的檔案形式，即可保存其中的透明物件。

使用透明效果的例子。背景的彩虹，是用圓形漸層套用 [混合模式：實光]，而小圓形光點則是用 [覆蓋] 合成。

KEYWORD
透明效果

利用 [混合模式] 合成或是 [陰影] 等校果，讓物件與背後的物件或背景得以合成的透明或半透明效果。本節所討論的送印前將透明度平面化，是指 Illustrator 及 InDesign 的處理，不包含 Photoshop 的 [混合模式] 及圖層效果。

透明度平面化的實際狀況

　　使用不支援透明的格式[★2.]轉存或存檔時，透明物件或受其影響的部分，將會被平面化為 [不透明度：100%] 的影像或路徑。根據設定保留外觀及特別色色票的檔案構造，會如下圖般變得很複雜。

★ 2. 不支援透明的 PDF 規格是「X-1a」與「X-3」，PDF 的版本是 PDF1.3。用 Illustrator 儲存時，在 8 以前的 Illustrator 格式及 EPS 格式不支援透明效果，因此會被平面化。

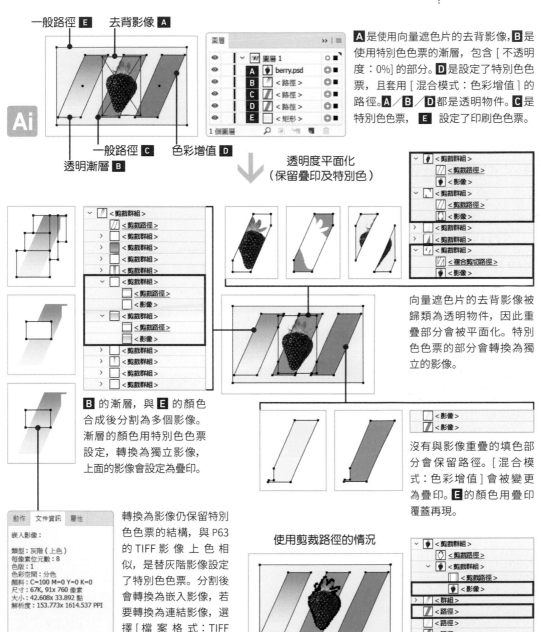

Ai

一般路徑 E　　去背影像 A

一般路徑 C　　色彩增值 D

透明漸層 B

A 是使用向量遮色片的去背影像，**B** 是使用特別色色票的漸層，包含 [不透明度：0%] 的部分。**D** 是設定了特別色色票，且套用 [混合模式：色彩增值] 的路徑。**A** ／ **B** ／ **D** 都是透明物件。**C** 是特別色色票， **E** 設定了印刷色色票。

透明度平面化
（保留疊印及特別色）

向量遮色片的去背影像被歸類為透明物件，因此重疊部分會被平面化。特別色色票的部分會轉換為獨立的影像。

B 的漸層，與 **E** 的顏色合成後分割為多個影像。漸層的顏色用特別色色票設定，轉換為獨立影像，上面的影像會設定為疊印。

沒有與影像重疊的填色部分會保留路徑。[混合模式：色彩增值] 會被變更為疊印。**E** 的顏色用疊印覆蓋再現。

轉換為影像仍保留特別色色票的結構，與 P63 的 TIFF 影 像 上 色 相似，是替灰階影像設定了特別色色票。分割後會轉換為嵌入影像，若要轉換為連結影像，選擇 [檔 案 格 式：TIFF (*.TIF)] 即可維持相同狀態。

使用剪裁路徑的情況

若把具有「背景」的影像用剪裁路徑去背，會被排除在透明度平面化的對象外。這個範例，若把 **A** 改成用剪裁路徑替「背景」去背，就不會被下層的 **C** 分割。

※ 範例中雖然使用了特別色色票，但與透明物件並用時必須格外留意。也有可能不小心誤用，請務必仔細檢查。

81

透明度平面化可能引發的問題

相關內容｜關於 RIP 處理時的自動黑色疊印 **P94**

相關內容｜在 [進階] 分頁進行字體與透明度相關設定 **P157**

　　透明度平面化可能引發的問題，大致可以區分為 3 種：[解析度] 不適合印刷的點陣化、RIP 處理時的自動黑色疊印所產生的顏色界線、出現非預期的漏白現象等。

　　關於 [**解析度**] 的部分，在**儲存 PDF** 或**儲存 Illustrator EPS** 時稍加留意即可避免。基本上，只要設定為 [**預設集：[高解析度]]** ★ 3. ，即可用適合印刷的 [解析度] 來點陣化。這部分的詳細說明，儲存 PDF 請參照 P157，儲存 Illustrator EPS 請參照 P180。

★ 3. [透明度平面化預設] 的預設值備有此選項。

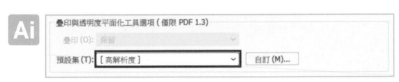

用 Illustrator 儲存 PDF 時，可在 [儲存 Adobe PDF] 交談窗的 [進階] 分頁設定。

　　自動黑色疊印，是印刷廠在進行 RIP 處理時，會將 **[K：100%]** ★ 4. 的物件設定為**疊印**。此處理會套用在路徑及文字上，但是**影像並非處理對象**。用不支援透明的格式轉存或存檔時，物件會以分割或平面化為路徑與影像的狀態送印，若套用自動黑色疊印★ 5.，會發生路徑設定疊印，但影像沒有設定的狀況。儘管如此，背景若是白色，則不會有任何問題，背景若不是白色，則會發生如同 P95，路徑與影像的界線清晰可見的現象。

　　迴避方法，是利用軟體先將 [K：100%] 的物件設定為疊印★ 6.，或是變更為 [K：99%] 使其不被當成自動黑色疊印的處理對象等。關於疊印請參照 P88，關於自動黑色疊印請參照 P94 的詳細解說，在此先不特別說明。

★ 4. 具體來說是 [C：0%／M：0%／Y：0%／K：100%]。

★ 5. 沒有 [K：100%] 的物件就不會套用，也就不會產生問題，現在套用自動黑色油墨的印刷廠很多，建議先設想此狀況會比較好。

★ 6. 在軟體設定疊印後再轉存 PDF 檔，轉換為影像的部分也會變成背景色合成後的顏色。

KEYWORD

點陣化

別名：**Bitmap 化**

將物件轉換為像素的集合體，也就是轉換為點陣圖。畫質會隨 [解析度] 而有極大改變。物件解析度在 Illustrator 可在執行『物件／點陣化』命令轉換時或存檔時指定，或自動套用檔案設定的 [解析度]，開始製作前務必先確認（請參照 P24）。

KEYWORD

RIP
Raster Image Processor

別名：光柵影像處理器、光柵化處理程序

把完稿檔案（向量格式）轉換為印刷用輸出設備可讀取的點陣格式。

完稿中出現非預期白線的原因

　　試著開啟以不支援透明的儲存格式轉存或存檔的完稿檔案，會在圖案中間這類非預期的位置，看見極細的白色線條（**白線**）。會出現白線，是因為被分割之物件的邊緣形成**補間用像素**。路徑、文字、其他的置入影像等物件，在螢幕上會顯示為點陣化的狀態。此時，為了讓物件平滑融入背景，會在物件的邊緣自動添加補間用的像素[7]。這道程序稱為「**消除鋸齒**」。

　　補間用的像素，當物件或背景色較淡時比較不用在意，倘若是深色就會很明顯[8]。在編輯的階段，補間像素出現在螢幕上，不會影響印刷結果。重點在於，出現白線的位置，爾後到印刷廠經過點陣化，也就是 RIP 處理時，仍有可能會出現白線。完稿檔案無法以原始的狀態印刷，輸出設備可理解的僅限於點陣格式，而完稿檔案是向量格式。也因此，必須經過向量格式轉換為點陣格式的處理程序（點陣化）。這道程序就是「**RIP 處理**」。

　　事實上，若改變顯示比例，看起來消失的部分大致上不會印出來，不過在意的話，建議還是把這點註記在輸出範本上。只不過，放大顯示後若有逐漸變粗的部分，則物件本身的位置也可能出現偏差。

★ 7. 若取消[消除鋸齒]項目(表示不產生補間用的像素)，可檢查白線是因為物件的位置偏移，還是因為補間用的像素所造成。要取消此項可在[偏好設定]交談窗設定。Illustrator 是取消[一般]分頁中的[消除鋸齒圖稿]項目，InDesign 是取消[顯示效能]中的[啟動消除鋸齒]項目，Acrobat Pro 是取消[頁面顯示]中[線條圖修邊]項目。

★ 8. 補間用的像素，是以不透明的白色背景為前提，形成自物件的顏色。降低[不透明度]可使其融入周圍，但若是暗色背景，降低[不透明度]反而會讓白色變明顯。

100%　　　25%

Illustrator 的圖案上出現白線，補間用的像素也是原因所在。複雜的圖案在送印時會被要求點陣化，點陣化後若出現白線，當[解析度]較低時就會印出來。點陣化時選擇[消除鋸齒：最佳化線條圖（超取樣）]，可避免點陣化後形成白線。這麼做還是出現白線的話，可嘗試用比原本還高的[解析度]來點陣化的解決方法。

KEYWORD

白線

別名：細白線

是指在被分割成多個影像的物件上，或在 Illustrator 的圖樣上出現非預期的極細白線。發生原因是出自於點陣化處理，因此螢幕顯示、家用印表機的列印、印刷廠的 RIP 處理都有可能跑出白線。

KEYWORD

消除鋸齒

別名：平滑化

為了讓物件的邊緣顯得平滑，而在電腦端替邊緣加上了補間用的像素。Illustrator 的畫面補間用像素終究是畫面顯示用，因此在[偏好設定]交談窗中取消「消除鋸齒」項目即會消失。另外，點陣化時的消除鋸齒處理，則是真正加入了像素，因此無論是否勾選消除鋸齒，補間像素都不會消失。

透明物件的符合條件

所謂的透明物件，除了具有透明部分的置入影像[★9.]，還有設定了與背景合成的 [混合模式：色彩增值] 的物件，以及 [陰影] 及 [模糊] 等效果產生的半透明像素。Illustrator 的圖層也可套用透明效果[★10.]，因此也請將這個可能性記起來。以下列出了符合透明物件的條件。

Illustrator

- 執行『效果／SVG 濾鏡』命令套用的物件
- 執行『效果／風格化』命令，套用 [羽化]、[製作陰影]、[內光量]、[外光量] 的物件
- 執行『效果』選單或『物件』選單的『點陣化』命令，設定 [背景：透明] 的物件[★11.]
- [混合模式] 設定為 [一般] 以外的物件
- [不透明度] 設定為 [100%] 以外的物件
- 使用了不透明遮色片的物件
- 包含透明色的漸層
- 包含透明區域的置入影像

InDesign

- 執行『物件／效果』命令，套用 [陰影]、[內陰影]、[內光量]、[外光量]、[斜角和浮雕]、[緞面]、[基本羽化]、[方向羽化]、[漸層羽化] 的物件
- [混合模式] 設定為 [一般] 以外的物件
- [不透明度] 設定為 [100%] 以外的物件
- 包含透明部分的置入影像

★ 9. 去背影像、沒有「背景」的影像，或是隱藏「背景」的影像。

★ 10. 圖層套用的透明效果，若是用不支援透明的儲存格式也會被平面化。

★ 11. 『效果』選單的 [Photoshop 效果] 直接套用到路徑上，會變成透明物件，如果先執行『效果／點陣化』命令設定 [背景：白色] 後再套用 Photoshop 效果，就不會變成透明物件。

外光量
混合模式：網屏
不透明度：50%

混合模式：柔光

混合模式：色彩加深

包含透明的漸層
混合模式：實光
不透明度：40%

KEYWORD

平面化工具
預視面板
(Illustrator)

別名：平面化預視面板（**InDesign**）

用來確認透明度平面化的設定及所在位置的面板。Illustrator 和 InDesign 都有，Acrobat Pro 也具備相同功能的交談窗。也可編輯或儲存 [透明度平面化預設集] 的設定。

確認受影響的範圍

受影響的範圍[★12.]，可在 [平面化工具預視] 面板[★13.] 事先確認。還有，不包含透明的物件，也可能成為平面化的對象，例如過於複雜的路徑或圖案。這些物件也都可以在這個面板確認影響範圍。

在 Illustrator 的 [平面化工具預視] 面板確認

STEP1. 在 [平面化工具預視] 面板設定 [預設集：[高解析度]]，按下 [重新整理] 鈕。
STEP2. 下拉 [標示] 列示窗選擇標示條件。

★ 12.　把透明物件配置在最底層，可將影響抑制在最小限度。

★ 13.　Illustrator 的面板名稱。InDesign 是 [透明度平面化] 面板，Acrobat Pro 是執行『工具／列印作品／平面化工具預覽』命令，開啟交談窗可確認。

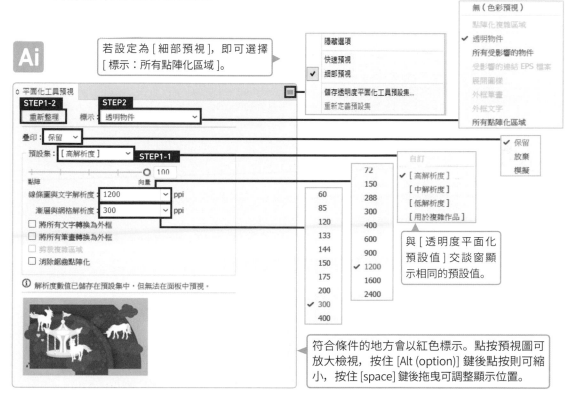

若設定為 [細部預視]，即可選擇 [標示：所有點陣化區域]。

隱藏選項
快速預視
✓ 細部預視
儲存透明度平面化工具預設集...
重新定義預設集

無（色彩預視）
點陣化複雜區域
✓ 透明物件
所有受影響的物件
受影響的連結 EPS 檔案
展開圖樣
外框筆畫
外框文字
所有點陣化區域

符合條件的地方會以紅色標示。點按預視圖可放大檢視，按住 [Alt (option)] 鍵後點按則可縮小，按住 [space] 鍵後拖曳可調整顯示位置。

與 [透明度平面化預設值] 交談窗顯示相同的預設值。

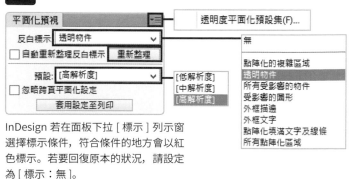

InDesign 若在面板下拉 [標示] 列示窗選擇標示條件，符合條件的地方會以紅色標示。若要回復原本的狀況，請設定為 [標示：無]。

InDesign 則會在實際的版面上顯現出標示。上圖是 [標示：無]，下圖則是選取 [透明物件] 的結果。

[透明度平面化預設集]，可透過 [**平面化工具預視**] 面板或 [**透明度平面化預設集**] **交談窗**★ 14. 製作或編輯。Illustrator 的面板，在變更數值與設定後，執行面板選單的『儲存透明度平面化工具預設集』命令即可儲存。若是透過交談窗，選擇作為基準的 [預設集] 後按下 [新增] 鈕，即可建立複製數值的預設集，可編輯此預設集然後儲存。面板與交談窗的 [預設集] 會同步，其中一方若有新增，另一方也可選取。

★ 14. Illustrator 或 InDesign，都是執行『編輯／透明度平面化預設集』命令即可顯示。這個交談窗的螢幕截圖可參照 P25。

點陣／向量平衡	調整保留向量格式不點陣化的物件數量。數值愈高，可保留的向量格式愈多。若要全部點陣化，則設定為最低數值。[預設集：[高解析度]] 是設定為 [100（最高數值）]。
線條圖與文字解析度	指定路徑、文字、影像等物件點陣化時的 [解析度]。最大可設定到 9600ppi。若有 Serif 字體或尺寸較小的字體要以高品質點陣化，通常是設定在 600ppi 到 1200ppi。[預設集：[高解析度]] 是設定為 [1200ppi]。
漸層與網格解析度	指定漸層及網格(只有 Illustrator 有)點陣化時的 [解析度]。InDesign 與 Acrobat Pro 最大可設定到 1200ppi，Illustrator 則是 9600ppi，但是數值愈高品質不一定會提升。通常是設定在 150ppi 到 300ppi。[預設集：[高解析度]] 是設定為 [300ppi]。
將所有文字轉換為外框	將所有文字外框化。若勾選，可抑制平面化時對文字的影響。
將所有筆畫轉換為外框	把所有筆畫轉換為填色路徑。若勾選，可抑制平面化時對 [筆畫寬度] 的影響。
剪裁複雜區域	向量格式部分與點陣化部分的界線重疊時要進行的處理。若勾選，當物件僅有局部點陣化時，可減輕向量部分與點陣部分的界線發生的鋸齒狀「紋路瑕疵」。
消除鋸齒點陣化	若勾選，點陣化時會消除鋸齒。
保留 Alpha 透明度 **（僅限 Illustrator）**	若勾選，平面化時消失的 [混合模式] 與疊印，會化為整體物件的 [不透明度] 保留下來。轉存為 SWF 格式或 SVG 格式時會很好用。
保留疊印與特別色 **（僅限 Illustrator）**	若勾選，可保留疊印與特別色。若取消，疊印與特別色會被轉換或合成，改用基本油墨 CMYK 表現。
保留疊印 **（僅限 Acrobat Pro）**	讓物件的顏色與背景色合成，藉此呈現與疊印相同的效果。

完稿檔案設定為 [預設集：[高解析度]] 差不多就足以應付，因此幾乎沒有繁雜的編輯場面。另外，在面板指定的 [預設集] 只是確認用，轉存或存檔時，請務必確認是否設為 [[高解析度]] 或是以此為基準的預設集★ 15.。

★ 15. PDF 送印請參照 P157，Illustrator EPS 送印請參照 P180。

InDesign 可透過 [頁面] 面板的圖示，確認是否包含透明物件。這個圖示預設是隱藏，因此建議先行變更。從 [頁面] 面板的選單執行『面板選項』命令，在 [圖示] 區勾選 [**透明度**]，如此一來，當頁面中包含透明物件時，就會顯示**透明格子圖示**。

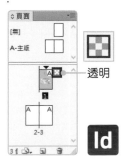

透明

預先平面化

Illustrator 也可手動將透明度平面化[16]。當完稿檔案無法包含透明物件時即可使用。

不過，一旦平面化就無法回復原本的狀態。這些處理，請在準備送印的最終階段，先另存備份後再進行。

在 Illustrator 手動將透明度平面化

STEP1. 選取物件，執行『物件／透明度平面化』命令。
STEP2. 在 [透明度平面化] 交談窗[17]中設定 [預設集：[高解析度]] 後按下 [確定] 鈕。

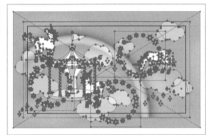

套用 Illustrator [透明度平面化] 的範例。看起來似乎有保留路徑，實際上是用來替點陣化物件去背的剪裁路徑。

若在 [圖層] 面板確認，可看出結構變得相當複雜。遇到這種情況，有時也會建議點陣化使其合併成單一影像。

此外，即使不是透明物件，但是很複雜的路徑[18]或外觀、縮放旋轉過的圖樣[19]，這類物件在進行 RIP 處理時可能會出現非預期的結果[20]，也會建議事先進行平面化、點陣化、外框化等處理。把細微分割的物件點陣化為單一影像，可讓處理變輕鬆，也可預防白線的發生。不過，也有些印刷廠會允許直接送印，無法一概認定經過上述處理一定比較好。可以的話，建議先試著與印刷廠溝通討論再決定處理方式。要進行這些處理時，一樣可透過『**物件**』選單。底下是各選單命令的差異。

展開	把設有 [填色] 與 [筆畫] 的影像轉換為路徑。還有，把漸層轉換為網格或是填色路徑的集合體。若套用到設有 [筆畫] 的物件上，[筆畫] 會被外框化。若套用到文字上，文字會被外框化。
擴充外觀	把物件設定的外觀屬性轉換為路徑或影像。要展開設有 [筆畫] 的筆刷時也是使用此命令。把 [陰影] 等產生像素的外觀屬性點陣化。此時的 [解析度]，會套用 [文件點陣化效果設定] 交談窗的設定。
點陣化	把物件點陣化並轉換為嵌入影像。[解析度] 可在交談窗設定。若選取多個物件，會合併為單一嵌入影像。[背景：透明] 會變成透明物件。

★ 16. 如果處理的面積較大，建議也可考慮採取 Photoshop 送印（請參照 P175）。

★ 17. 交談窗的內容，與 [透明度工具預視] 面板相同。在這個交談窗勾選 [預視]，即可確認平面化後的狀態。與面板不同，可實際看見分割線，因此也可用來進行事前檢查。若能發現平面化時產生的紋路瑕疵等現象，即可事前構思對策。

★ 18. 例如錨點數量超過 1000 的路徑。如果使用 Illustrator 的 [塗抹] 效果或影像描圖功能，就容易有此情形。

★ 19. 在 Illustrator 中使用圖樣時，最好先預設在印刷廠開啟時會出現圖案位置改變的情況。比較單純的圖樣只要用 [展開] 轉換為路徑即可，但是複雜路徑構成的圖樣，用點陣化會比較適合。

★ 20. Illustrator CS6 以後設定漸層的 [筆畫]、透明物件與漸層的組合，建議點陣化。

2-9 疊印與去底色

製作完稿檔案時，務必要先理解的概念，那就是「疊印」。因為牽涉到軟體設定及 RIP 處理時的自動黑色疊印、任意使用設定疊印的物件等這類非預期的狀況。

關於疊印

疊印是製版設定的一種，是指與其他版重疊印刷。若設定在填色物件上，會得到與 [混合模式：色彩增值] 相似的效果。要設定疊印，Illustrator 可利用 **[屬性] 面板**[★1.]，但是不會反映在預設的畫面上，必須執行『檢視／疊印預視』命令[★2.] 切換到**疊印預視**才能在畫面上看到。

★ 1. 若使用 InDesign 是在 [列印屬性] 面板中設定。

★ 2. Illustrator 與 InDesign 共通的操作，也可以在 [分色預視] 面板中切換。

在 Illustrator 替物件設定疊印

STEP1. 選取物件。
STEP2. 在 [屬性] 面板勾選 [疊印填色]。

疊印

KEYWORD

疊印
Over Print

別名：直壓

製版設定的一種，是指與其他版重疊印刷。可得到與 [混合模式：色彩增值] 相似的效果，但是疊印不具透明效果，因此使用疊印並不會成為透明度平面化的處理對象。根據條件也有可能無法獲得與 [色彩增值] 相同的結果，還請留意。

KEYWORD

去底色
Knock Out

別名：廓清、挖除底色

製版設定的一種，是指不與其他版重疊印刷。Illustrator 與 InDesign 的預設值是使用這個設定。

「**去底色**」則是疊印的相反，也就是不疊版的印刷效果。基本上設定此項比較不會發生問題。Illustrator 與 InDesign 預設也是使用此設定。不過，一旦替物件設定疊印，或是選取疊印的物件，[屬性] 面板的 [疊印] 便會自動勾選，之後，直到選取去底色的物件為止，都會變成以此為預設值。建議隨時確認 [屬性] 面板的設定。

[色彩增值] 與疊印的差異

[色彩增值] 與疊印的效果相似，但並非一定會得到相同的結果。用疊印取代 [色彩增值] 時[★3.]，必須格外注意。會產生不同結果的，是使用共通的油墨設定顏色（圖案使用相同的版）的情況。**[色彩增值]**，是透過顏色值加乘來合成[★4.]，因此背面的物件一定會透出來。另一方面，**疊印**是採用前面物件的 [色彩值]，前面物件的 [色彩值] 若低於背面物件，則無法獲得與 [色彩增值] 相同的效果。

★ 3. 也有印刷廠會放棄對非 [K：100%] 的疊印做 RIP 處理。這類印刷廠也可能會利用 [色彩增值] 取代疊印。不過，需要留意因為使用透明效果而被平面化。

★ 4. [色彩增值] 的 [色彩模式：CMYK 色彩] 的計算公式如下。A 與 B 分別是相同版內的 [色彩值]。

$$100 - \frac{(100 - A) \times (100 - B)}{100}\%$$

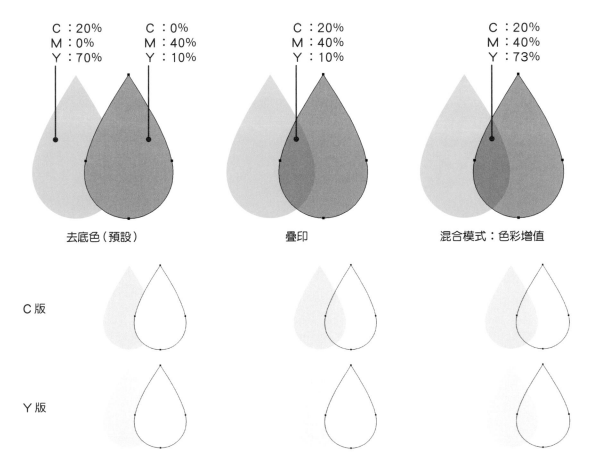

C：20%　C：0%
M：0%　　M：40%
Y：70%　Y：10%

C：20%
M：40%
Y：10%

C：20%
M：40%
Y：73%

去底色（預設）　　　　　疊印　　　　　混合模式：色彩增值

C 版

Y 版

共同使用的是 Y 版。前面的物件（右側）變更為疊印或 [色彩增值]。

若設定疊印，具相同顏色的 Y 版，因為前面物件採用 [Y：10%]，因此重疊處變變成紫色。

若設定 [混合模式：色彩增值]，Y 版 會 用 [10%] 與 [70%] 加乘 來 合成，重疊後變成淡褐色。

無意中不小心設定的疊印

相關內容│關於 RIP 處時的自動黑色疊印 P94

疊印的好處，是能夠有效化解套印不準造成的問題。設定深色油墨及不透明油墨的物件若設定為疊印，即使套印不準也不會露出紙張的白色。會利用此設定的，是替 **[K：100%]** 物件設定疊印的「**黑色疊印**」處理。

黑色疊印會自動設定，以 InDesign 為例，凡是套用 **[黑色] 色票**的物件，就會自動設定疊印★5.。除此之外，印刷廠在做 RIP 處理時，也可能會替 [K：100%] 的物件強制設定疊印★6.。

★5. [黑色] 色票雖然是 [K：100%] 的色票，但卻被當成特殊色票。在 InDesign 執行『編輯／偏好設定／黑色表現方式』命令，在 [[黑色] 疊印] 區取消 [100% 疊印 [黑色] 色票] 項目，之後則即使套用 [黑色] 色票，也不會自動設定疊印。

★6. 稱為「自動黑色疊印」的處理。在 P94 會解說。

[K：100%]
去底色

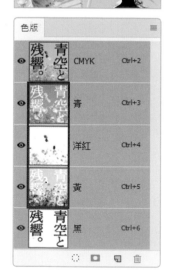

[K：100%]
疊印（黑色疊印）

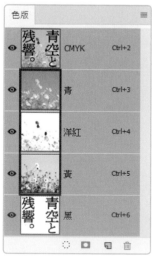

Ai

[K：100%]
疊印（黑色疊印）

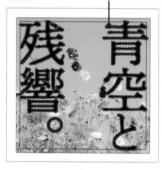

[K：0%]
去底色

把設定疊印的黑色 [K：100%] 變更為 [K：0%]，會變透明。在切換為疊印預視前很難發現。

Ps

用 Photoshop 開啟 Illustrator 檔或 PDF 檔，可透過 [色版] 面板的縮圖總覽版的狀態。若移動色版中的圖像，即可模擬套印不準的結果。

重複利用物件時，很可能會因此混入非預期的疊印物件。因為黑色物件設定疊印的可能性很高[7]，因此重複運用既有的完稿檔案時，請養成先在 [屬性] 面板檢查確認的習慣。容易引發問題的，是將設定疊印的黑色文字變更為白色，用作**反白字**的例子。通常預覽時會顯示白色所以很難發現，但實際印刷時會印不出反白效果。建議大家養成送印前暫時切換為 [疊印預視] 模式來確認的好習慣。

另外，如果在 InDesign 替白色 [C：0%／M：0%／Y：0%／K：0%] 的物件設定疊印，會出現警告交談窗。此外，把設有疊印的物件變更為白色，疊印設定會被捨棄。轉換為白色可避免上述情況，但是變更為淺色時疊印仍會保留，請格外留意。

另一方面，Illustrator 從 2014 開始，白色物件若設定疊印，也會出現警告交談窗。還有，把設有疊印的物件變更為白色，[屬性] 面板也會顯示警告圖示。不過，還是會套用疊印，因此仍得持續留意才行[8]。

★ 7. 例如 [K：100%] 的 LOGO 及文字，設定疊印的可能性很高。

★ 8. Illustrator 的 [文件設定] 交談窗中的 [捨棄輸出中的白色疊印] 項目預設是勾選，因此白色物件設定的疊印，在轉存 PDF 或儲存為 EPS 時會自動捨棄。執行『檔案／文件設定』命令可開啟此交談窗。儲存成 Illustrator 格式不會捨棄白色疊印，但是若將此 Illustrator 檔案置入 InDesign，白色疊印會顯示為去底色。由此得知，Illustrator 的疊印預視作業時沒有留意到的白色物件，之後在印刷時也可能會出現問題。

警告圖示

KEYWORD
屬性面板
（**Illustrator**）

別名：屬性面板（**InDesign**）

Illustrator 與 InDesign 都有的面板，主要是用來設定疊印。Illustrator 的 [屬性] 面板，還可切換路徑中心點的顯示／隱藏。

KEYWORD
分色預視面板
（**Illustrator**）

別名：分色預視面板（**InDesign**）

Illustrator 與 InDesign 都有的面板，可在此確認版的狀態。在面板中勾選 [疊印預視]（InDesign 無此項目），按眼睛圖示切換成空白圖示，即可隱藏該色版。若按住 [Alt（option）] 鍵後按下眼睛圖示，即可單獨顯示該色版。

KEYWORD
色彩增值

[混合模式] 的一種。「色彩增值」是將色彩加乘的意思。下面的顏色（基本色）與上面的顏色（合成色）依成分加乘，算出結果色。用這種 [混合模式] 重疊，顏色一定會變暗，可獲得四色油墨重疊般的效果。因為具透明效果，若用不支援透明的格式存檔，會無法保留效果。

2-10 黑色疊印的優缺點

設定 [K：100%] 的黑色物件，可能會因為軟體的設定或印刷廠的 RIP 處理，而自動設定疊印。若事前準備好對策，即可避免上述狀況。

黑色疊印的優點

K 油墨可以單獨印出清晰的黑色，是印刷文字及邊框常用的油墨。若翻閱雜誌或書籍，其中的內容文字顏色，大多是使用 [K：100%] 印刷。

當背景填滿色塊或圖案，其上配置的 [K：100%] 文字又設定為去底色，這時若發生套印不準的狀況，大型文字的邊緣會露出紙張的白底，而小型文字的可讀性會降低。

如果替 **[K：100%]** 文字設定**疊印**，則可完整不中斷地印刷背景的色塊及圖案，再將文字印在上面，如此一來，即使發生套印不準的狀況，也不會露出紙張的白底。而且這個油墨是基本油墨 CMYK，所以顏色最暗，即使與其他油墨重疊，顏色也幾乎不會受到影響，無論是疊印或去底色，印刷結果幾乎沒有變化[1]。因為這是印刷實務常用的手法，故稱之為「**黑色疊印**」，藉此與其他疊印做區別。

InDesign 若在**偏好設定**中勾選 **[100% 疊印 [黑色] 色票]**，設定 **[黑色] 色票**的物件便會自動設定疊印。共用電腦時，在開始製作前建議重新檢視偏好設定。

★ 1. 若設定大字級的粗體字，可能會出現看得到底圖的黑色直壓現象。詳細請參照 P94。

沒有黑色疊印　　有黑色疊印

上圖是模擬套印不準的範例。文字若設定黑色疊印，就不會露出紙張的白底。

[黑色] 色票

KEYWORD

黑色

別名：**K、BK**

是指基本油墨 CMYK 中的 K 油墨，或是 [C：0%／M：0%／Y：0%／K：100%] 的顏色。也可省略 K 以外的油墨稱為 [K：100%]，或是「純黑色」、「黑 100%」、「100K 黑色」。

在 InDesign 設定 [黑色] 色票的自動疊印

STEP1. 執行『編輯／偏好設定／黑色表現方式』命令。

STEP2. 在 [[黑色] 疊印] 區中勾選 [100% 疊印 [黑色] 色票] 項目[*2]。

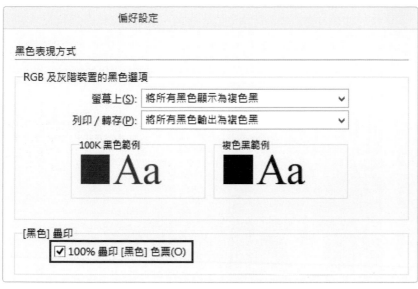

★ 2. [100% 疊 印 [黑
色] 色票] 預設是勾選。
若取消，未來即使用了
[黑色] 色票，也不會設
定疊印。

★ 3. 若以全選的狀態
套用 [疊印]，只有符合
的位置會設定黑色疊印。

Illustrator 也可透過選單一起設定。若要個別設定，可使用 [屬性] 面板。

在 Illustrator 一併設定黑色疊印

STEP1. 選取要設定黑色疊印的物件[*3]，執行『編輯／編輯色彩／黑色疊印』命令。

STEP2. 在 [黑色疊印] 交談窗中設定 [增加黑色]、[百分比：100%]，接著在 [套用至：]
勾選欲套用的部位，然後按下 [確定] 鈕。

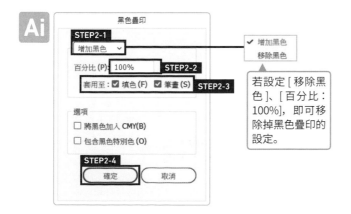

若設定 [移除黑
色]、[百分比：
100%]，即可移
除掉黑色疊印的
設定。

黑色疊印的設定，除了 [屬
性] 面板，也可從 [外觀] 面
板確認。

KEYWORD

黑色疊印

別名：Black Overprint

把黑色 [C：0%／M：0%／Y：0%／K：100%] 的物件設定疊印。這個顏色在 RIP
處理時會自動設定疊印，稱為「自動黑色疊印」。

留意黑色直壓問題 相關內容│關於複色黑 P96

★ 4. 在 [K：100%] 的填色上配置影像時，會看得到影像的邊線。

看似方便的黑色疊印，若於粗黑體的標題等面積大的物件上★ 4.，可能會透出背面的圖案。疊印預視時多少可發現此問題，因此請養成隨時確認的習慣。另一個解決對策，則是把設有黑色疊印的物件恢復成**去底色**，改用**複色黑**的方法。

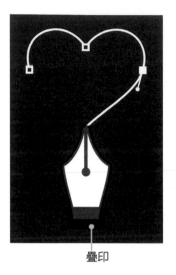
疊印

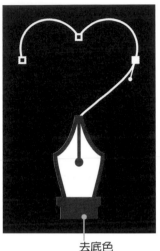
去底色

設定疊印後透出背景顏色邊界的例子。

※ 重疊就看得很清楚，範例的黑色部分是用 [K：80%] 製成。

關於 RIP 處理時的自動黑色疊印
相關內容│複色黑與自動黑色疊印 P100

★ 5.「自動黑色疊印」，是指印刷廠的 RIP 處理時設定的黑色疊印。原本是為了補救製作者忘記設定疊印所做的處理。

製作者也可能在不知不覺中不小心設定了黑色疊印。例如 InDesign 可能因為偏好設定，而在使用 [黑色] 色票時自動設定了疊印，此時可自行新增 [K：100%] 的色票，不使用 [色票] 面板內建的 [黑色] 色票，即可避免上述問題。

然而，如果印刷廠在 RIP 處理時套用**自動黑色疊印**★ 5.，理應避免的黑色疊印又會被設定。關於這點，除了送印時仔細閱讀完稿須知外別無他法。如果印刷廠能讓客戶自行決定要套用自動黑色疊印，或是根據完稿檔案的指定，此時請告知「**根據完稿檔案的指定**」，就不會發生非預期的黑色疊印。需留意的是，若採取合版印刷，大多會套用自動黑色疊印。

迴避對策，是將 K 油墨變更為 **[100%] 以外的數值、混合 K 以外的油墨**等方法。如果不是 [K：100%]，就不會套用自動黑色疊印。會套用自動黑色疊印的印刷廠，大多會在完稿須知內提供迴避方法，也可試著確認看看。

若複製 [黑色] 色票，就會變成普通的 [K：100%] 色票。[黑色]、[無]、[紙張]、[拼版標示色]，都是不能刪除的特殊色票。

	印刷廠的 RIP 處理	InDesign 的 [黑色] 色票	[黑色] 色票以外的 [K：100%]	[K：99%]
在 InDesign 開啟 [黑色] 色票 自動疊印後儲存的檔案	自動黑色疊印	疊印	疊印	去底色
	根據指定	疊印	去底色	去底色
在 InDesign 關閉 [黑色] 色票 自動疊印後儲存的檔案	自動黑色疊印	疊印	疊印	去底色
	根據指定	去底色	去底色	去底色

※ ▢ 出現非預期疊印的例子。物件全部設定為去底色。

　　自動黑色疊印的問題，不只是任意替物件設定疊印。受到透明物件影響的部分若包含 [K：100%] 的物件，之後進行透明度平面化而分割成影像及路徑時[★6.]，印刷結果可能會出現明顯的分界。

★ 6. 不支援透明的儲存格式，受到透明物件影響的部分會平面化。

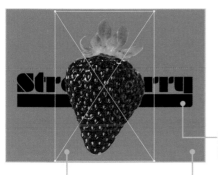

自動黑色疊印會變成問題，是包含會影響 [K：100%] 物件的透明物件，在轉存 PDF 及 EPS 時被平面化為影像及路徑。左圖的例子中，去背影像與 LOGO 重疊的部分被影像化，沒有重疊的部分則保留路徑。此時的 LOGO 顏色，與去背影像重疊的部分及非重疊的部分都是 [K：100%]。

K：100%（路徑）
去底色

去背影像

C：100%
Y：20%（背景）

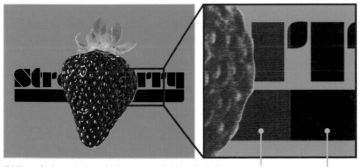

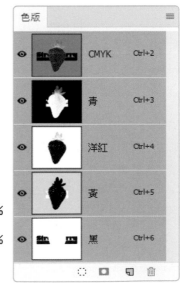

影像不會套用自動黑色疊印，因此被影像化部分的黑色仍會維持 [K：100%]。路徑的黑色因自動黑色疊印而被設定疊印，這個部分會變得比 [K：100%] 還黑，因此會印出明顯的顏色邊界。把 LOGO 設定為 [K：99%] 等數值雖然也可迴避，不過若手動替 LOGO 設定疊印，讓影像化部分也套用疊印，如此一來 LOGO 的黑色也會加深，讓印刷成果更亮麗。

K：100%
（影像）

C：100%
Y：20%
K：100%
（路徑）

2-11 複色黑與油墨總量

用來表現「黑」的方法，有所謂的「複色黑（Rich black）」。同時加入 K 以外的油墨，讓黑色變的更濃郁。不過，必須留意不可超過油墨總量的上限。

認識複色黑

複色黑（Rich black）是指 [C：40%／M：40%／Y：40%／K：100%] 或 [C：60%／M：60%／Y：60%／K：100%] 這類**同時使用 K 以外的油墨來表現的黑色**。因為變成濃郁的黑色，用於大面積的物件很有效果。而且不會變成自動黑色疊印的處理對象，因此也可用作迴避對策★1.。

複色黑的比例並沒有絕對值，通常是 K 以外的油墨追加 [20%] 到 [60%] 左右。也有像 [C：60%／M：40%／Y：40%／K：100%] 這樣明度較低的 C 多一些的方法。有些印刷廠也會提供參考值，建議先行確認完稿須知。

★1. 雖然可以迴避，但是考慮到套印不準的影響，不適合用於細小文字等處。此外，也不可以用於條碼與 QR Code。若轉換為 [RGB 色彩] 的黑色 [R：0／G：0／B：0]，大致上也會變成用到所有 CMYK 油墨的的黑色（請參照 P100）。若收到 [RGB 色彩] 的條碼與 QR Code 時請務必留意。

| K：99% | K：100%＋C：1% | 單色黑（K：100%） | 複色黑 | 4 色黑 |

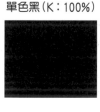

いろはにほへと いろはにほへと いろはにほへと いろはにほへと いろはにほへと

いろはにほへと いろはにほへと いろはにほへと いろはにほへと いろはにほへと

※ 複色黑是用 [C：40%／M：40%／Y：40%／K：100%] 製成。上圖文字範例的下半部，是模擬套印不準的狀態。

※ 上圖的「4 色黑」套印結果是特別請印刷廠協助印出來的成果。通常狀況下是不能印成這樣的。

留意油墨總量

使用複色黑之前務必要留意的，是油墨總量的上限。**油墨總量**，是指各像素 [顏色值] 的總和。例如黃綠色 [C：20%／M：0%／Y：100%／K：0%]，其油墨總量為 120%。

油墨總量設定過高時，印刷時油墨慢乾，容易造成紙張背面沾黏油墨的**背印**狀況，或是紙張與紙張黏住的**黏紙**現象。油墨總量的上限，一般而言亮面紙是 **350%**、霧面紙 **300%** 左右。霧面紙的上限較低，是因為霧面紙上的油墨本來就比亮面紙上的油墨更不容易乾。

[C：60%／M：60%／Y：60%／K：100%] 的複色黑，油墨總量是 280%，這樣就不必擔心超過霧面紙的上限。[C：40%／M：40%／Y：40%／K：100%] 是 220%，以報紙印刷的一般基準[2] 來看也沒有問題。

另外，油墨總量會造成問題的狀況，不僅限於使用複色黑的時候。物件及置入影像只要有稍微超過油墨總量上限的部分，印刷廠就會拒收。油墨總量超過 300% 的顏色，幾乎是接近黑色的顏色，因此處理偏黑物件或影像時請格外留意。

★ 2. 報紙使用的是較薄且粗糙的紙張，因此不可超過 250%。

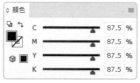

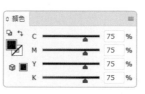

350÷4 ＝ 87.5，300÷4 ＝ 75。試著在 [顏色] 面板設定出 [顏色值] CMYK 全部都是 [87.5%] 或 [75%] 的顏色，幾乎會變成黑色。

KEYWORD

複色黑

別名：多色黑、Rich black

用 [C：40%／M：40%／Y：40%／K：100%] 及 [C：60%／M：60%／Y：60%／K：100%] 等數值表現的黑色。使用在大面積上會很有效果。也可用來迴避自動黑色疊印，不過考量到套印不準的影響，不適合用於細小文字、細線或細微圖案。

KEYWORD

單色黑

別名：100K 黑色

用 [C：0%／M：0%／Y：0%／K：100%] 表現的黑色。因為只使用 K 油墨，所以不必擔心套印不準，但印出來的黑色會比複色黑或 4 色黑還淡。因為只使用 K 油墨，若用於大面積，容易因為紙粉等異物的附著而產生白點（小孔）。會變成自動黑色疊印的處理對象。

KEYWORD

4 色黑

別名：4 色疊印黑

用 [C：100%／M：100%／Y：100%／K：100%] 表現的黑色。因為徹底達到油墨總量的上限，因此不可用於完稿檔案。唯一的例外，是用於裁切標記等處的 [拼板標示色] 色票。

KEYWORD

油墨總量

別名：油墨使用總量、TAC 值、油墨總量、網點總量

各像素 [顏色值] 的總和。若顏色值過高會在印刷時產生問題，因此須設定上限。全彩印刷（CMYK）一般的上限是 300% 到 350%。

調查油墨總量

相關內容｜在 [輸出預覽] 檢查油墨 P162

★ 3. 在 Illustrator 的 [分色預視] 面板及 [文件資訊] 面板無法調查油墨總量。

要調查油墨總量，可利用 InDesign 的 [分色預視] 面板、Photoshop 的 [資訊] 面板 ★ 3.，Acrobat Pro 的 [輸出預覽] 交談窗。在 InDesign 及 Acrobat Pro 中，還可標示出超過油墨總量上限的部分。

在 InDesign 調查油墨總量

STEP1. 在 [分色預視] 面板設定 [檢視：油墨限制]。

STEP2. 輸入油墨總量的上限。

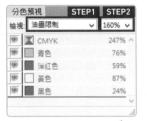
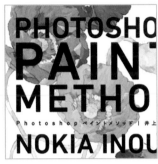

右側顯示的數值，是游標停留處的 [顏色值]。若選擇 [檢視：分色]，就會變成疊印預視。

超過油墨總量上限的部分，會用紅色標示出來（右）。要回復成一般顯示（左），請選擇 [檢視：關閉]。

在 Acrobat Pro 調查油墨總量

★ 4. 關於 [輸出預覽] 交談窗的開啟方式，請參照 P161。

STEP1. 在 Acrobat Pro 開啟 [輸出預覽] 交談窗★ 4.。

STEP2. 在 [輸出預覽] 交談窗勾選 [總體油墨覆蓋率]，然後輸入油墨總量的上限。

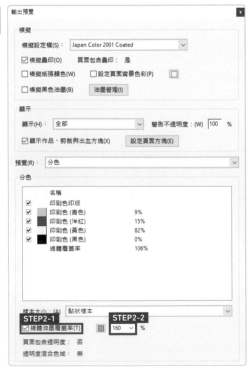

超過油墨總量上限的部分，會用綠色標示出來（下）。要回復成一般顯示（左），請取消 [總體油墨覆蓋率]。

在 Photoshop 調查油墨總量

STEP1. 從 [資訊] 面板*5. 選單執行『面板選項』命令。

STEP2. 在 [資訊面板選項] 交談窗中，將 [解析第一個顏色] 變更為 [模式：油墨總量]，然後按下 [確定] 鈕。

STEP3. 將游標移至要調查的位置，即可在 [資訊] 面板的 [解析第一個顏色] 欄位確認

★ 5. 在 Photoshop 的[資訊]面板也可以調查文件尺寸及圖層數量等資訊。

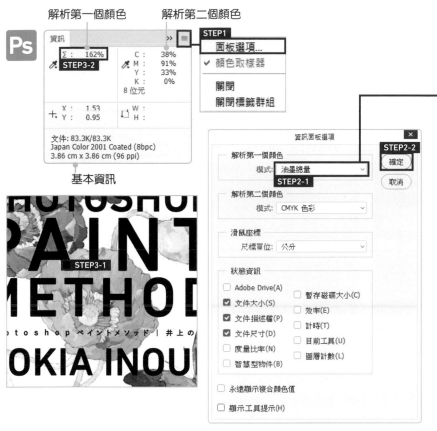

變更 [解析第一個顏色] 或 [解析第二個顏色] 都沒關係。

指定為全彩印刷標準的色彩描述檔 **[Japan Color 2001 Coated]**，然後從 [色彩模式：RGB 色彩] 轉換為 [CMYK 色彩] 的影像，在此階段會將亮面紙控制在 **350%** 的上限。色彩描述檔中包含油墨總量上限的資訊*6.，因此轉換時也會隨之調整。

只不過，這個色域若使用 4 色黑*7. 來繪圖，這個部分會超過上限。即使替已經套用 [Japan Color 2001 Coated] 的影像重新套用相同的色彩描述檔，也不會調整油墨總量。改套用其他的色彩描述檔，或是變更 [色彩模式]，然後再套用 [Japan Color 2001 Coated]，雖然能夠調整油墨總量，但是顏色會改變。建議可試著利用 [色版混合器] 或 [曲線] 等調整圖層，調整影響較小的色版內容。

控制在 350% 以內大致上不會有問題，不過有些印刷廠會要求控制在更低的 300%。這類印刷廠多半會提供轉換用的色彩描述檔，不過有時也可等送印後再轉換，建議先直接詢問印刷廠。

★ 6. 色彩描述檔中設定的油墨總量上限，[Japan Color 2001 Coated] 是 310%，[Japan Color 2002 Newspaper] 是 240%。

★ 7. Photoshop 在此色域中最深的黑色，是 [檢色器] 交談窗中色彩圖最右下角的那個顏色。若點按此處選取顏色，會自動變成油墨總量上限可使用的黑色。

複色黑與自動黑色疊印

`相關內容` | 關於 RIP 處理時的自動黑色疊印 **P94**

設計中若有利用到複色黑與 [K：100%] 的微妙明度差時[8.]，必須注意到是否關於使用到 **[黑色]** 色票，以及印刷廠 RIP 處理時是否會套用**自動黑色疊印**，在作業過程中務必十分留意。上列因素會導致 [K：100%] 的物件變成疊印，造成非預期的結果。保險的做法，是將 [K：100%] 設定為 [K：99%]。即使預想過還是可能會出現意想不到的結果，這種狀況也很常見，此時不妨試著用 Illustrator 或 InDesign 製作範例，然後模擬印刷結果。

★ 8. 如果設計有使用到複色黑，建議在完稿檔案規格文件及輸出範本內特別標註。不過，會留意標註並進行處理，或是忽視標註直接輸出，就端看印刷廠而定。

複色黑 [C：40%／M：40%／Y：40%／K：100%]

白色 [K：0%]　　　單色灰 [K：50%]　　　單色黑 [K：100%]

去底色

疊印

若變更為疊印，會印不出白色 LOGO。白色的物件，不管背景是什麼都會消失。

若變更為疊印，LOGO 部分會變成 [C：40%／M：40%／Y：40%／K：50%]。相同版中有顏色時，會使用前面物件的 [顏色值]。

若變更為疊印，會印不出單色黑 LOGO。

變更 [色彩模式] 造成的黑色變化

若將 [色彩模式：RGB 色彩] 的黑色 **[R：0／G：0／B：0]** 轉換為 [CMYK 色彩][9.]，會變成 [C：93%／M：88%／Y：89%／K：80%] 這種不上不下的數值，若轉換為 **[灰階]**，則會變成 **[K：100%]**。根據上述原理，例如要把用繪圖軟體繪製的 [RGB 色彩] 單一黑色線稿用作完稿檔案時，與其轉換為 [CMYK 色彩]，不如轉成 [灰階] 可變成 [100%]，讓筆畫不會網點化。另一方面，**4色黑**也可轉換為 [RGB 色彩] 或 [灰階] 的黑。事先了解黑色因 [色彩模式] 轉換而產生的 [顏色值] 變化，即可根據用途加以控制。

★ 9. [工作空間] 或作為轉換基準的色彩描述檔，是 [RGB：Adobe RGB (1998)]、[CMYK：Japan Color 2001 Coated]、[灰階：Dot Gain 15%]。

C／M／Y／K	R／G／B	K(灰階)
0／0／0／100	37／30／28	95
93／88／89／80	0／0／0	100
100／100／100／100	0／0／0	100

CHAPTER

3

特別色印刷用的完稿檔案

3-1 認識特別色印刷

有些印刷品需要使用的顏色無法用基本油墨 CMYK 混合出來，因此會使用特別調和出來的油墨色彩印刷，可表現 CMYK 無法表現的顏色，這就稱為特別色印刷。使用特別色印刷時，若設定 [顏色值：100%]就不會網點化，優點是輪廓清晰，可節省成本。

特別色印刷的用途 相關內容｜製作裁切標記與摺線標記 P192

★ 1. 意即印刷色。本書為了直覺理解，而稱之為「基本油墨 CMYK」。

如果要用基本油墨 CMYK ★1. 表現橘色，必須用到 M 油墨與 Y 油墨 (也就是本書中提到的網點化)。不過，如果有橘色的油墨，也可以只用一種油墨來表現。就像這樣，為了表現特定的顏色而調和出的油墨，稱為「**特別色**」或「**特別色油墨**」，使用這種油墨印刷，就稱為「**特別色印刷**」。

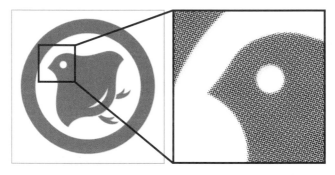

基本油墨 CMYK

使用特別色時，如果不設定成 [顏色值：100%] 就會網點化。加上使用多種油墨，也會有套印不準的可能性。

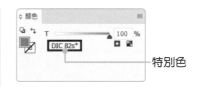

特別色

因為可以用 [顏色值：100%]來印刷，所以不會網點化，能夠呈現均勻的色塊，輪廓也很清晰。

※ 上圖是本書用來明確說明特別色特點的示意圖，並非實際用特別色油墨印刷而成。

KEYWORD

特別色
Spot Color

別名：專色油墨

基本油墨 CMYK 以外的顏色，或是事先調和好的油墨。可再現螢光色、金屬色、不透明的白色等 CMYK 調色無法表現的顏色，即使是淺色也可用 [顏色值：100%] 印刷，因此不會網點化，這也是其優點之一。InDesign 及 Illustrator 中，可用特別色色票指定。

特別色印刷的優點之一，在於**成本面**。單色印刷與雙色印刷，使用的油墨數量會比彩色印刷（CMYK）少，可抑制成本。若使用紅色及水藍色等彩度高的油墨，單色印刷也可得到亮麗的視覺效果。此外，使用 K 油墨搭配高彩度油墨打造具層次的版面，或是像超市傳單一樣，使用紅色油墨搭配綠色油墨表現肉類與蔬菜的顏色等，若能巧妙挑選油墨，不僅能抑制成本，還可獲得有效果的表現。

另一個優點是，**色彩及表現幅度廣泛**。漫畫的封面，在基本油墨 CMYK 中加入螢光粉紅，可修補肌膚的明亮度。若使用金屬色，可表現基本油墨 CMYK 無法表現的金屬光澤。不透明的白色，也可發揮紙張顏色與質感地印刷。

此外，特別色不需依存電腦環境，因此能呈現**正確的顯色**。替 LOGO 或包裝的顏色指定特別色，即使換了印刷廠，仍可得到幾乎相同的色彩。

使用特別色的缺點有以下幾點：使用油墨的數量增加，或是不同的油墨種類，反而會讓成本增加；製作完稿檔案時需具備一定程度的知識；油墨的性質較難預想完成後的視覺成果。

上圖：在牛皮紙上使用不透明的白色，以表現白兔的毛色。
下圖：用金屬色油墨增添光澤。

特別色印刷的完稿檔案與注意事項

完稿檔案的製作方法有很多種，請根據印刷廠[2]、使用油墨、製作軟體等因素來靈活運用。有指派基本油墨 CMYK 的任一色、用單一黑色製作、每個油墨分別存檔或指派圖層、用特別色色票指定等各式各樣的方法，下頁開始將逐一具體解說。在本書中盡可能彙整普遍認為通用性高的方法，不過仍有可能遇到無法受理上述方法送印的印刷廠。印刷廠的完稿須知多半會記載具體做法，請比照辦理。

用檔案處理**特別色色票**時，必須格外慎重。用在透明物件相關部分時必須小心、特別色編號沒有精準標示會被誤認為是其他的版等等，是使用時有許多注意事項的色票。用特別色色票指定是最終手段，若印刷廠能夠接受基本油墨 CMYK 或單一黑色製成的完稿檔案，採用此做法會比較保險。

★ 2. 也有無法處理特別色印刷的印刷廠，建議親自向印刷廠業務確認（編註：台灣的印刷廠通常不會在網站中介紹太多細節，最好自行向印刷廠詢問）。

3-2 製作特別色完稿的方法① 指派基本油墨 CMYK

這一節開始說明如何製作特別色的完稿檔案。我們會使用基本油墨 CMYK 來製作完稿檔案，最後再置換成特別色。運用一般彩色印刷的做法即可製作，是容易入門也最安全的方法。

用基本油墨 CMYK 暫代特別色色版

易於變通、不易引發問題的做法，是挑選**基本油墨 CMYK** 中的幾個色版，分別暫代特別色色版來製作完稿檔案的方法[1]。當特別色油墨不超過 4 個顏色時，用此方法即可應付。

應用彩色印刷（CMYK）的做法即可製成，因此不需額外記住新的知識。完稿檔案不包含特別色，因此可迴避麻煩，也可用 PDF 送印。此外，即使處於特別色油墨尚未確定的階段，也可持續進行作業是其優點。

比較困擾的部分在於，因為是用暫定的油墨來製作，較難想像完成後的視覺風貌。變通做法是，紅色油墨就選 M 油墨、藍色油墨就選 C 油墨，像這樣挑選接近實際使用的特別色油墨顏色，會比較容易製作。不過，若使用顏色最深的 K 油墨，會變得不容易判別疊印等重疊處。即使用深褐色、深藍色等接近黑色的油墨[2]，仍必須模擬疊印，因此建議用 C 油墨暫代。

★ 1. 送印時，需要附註特別色色票名稱，以便讓印刷廠置換，例如「C 版 用 DIC317 印刷、M 版 用 DIC2166 印刷」等指示（編註：本書作者使用的 DIC 色票為大日本油墨化工色票，這是日本較常用的特別色色票，而台灣大多是用 Pantone 系統的色票）。

★ 2. 即使是深色部分，實際印刷後，設定疊印的部分也可能看見非預期的黑色直壓現象。

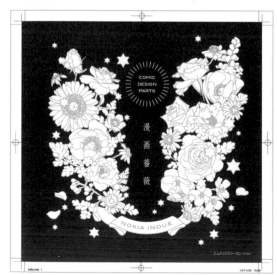

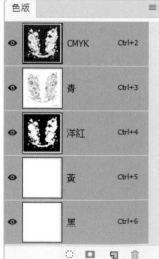

C 油墨與 M 油墨製成的完稿檔案範例。

要總覽版的狀態，Photoshop 的色版面板很好用。舉例來說，C 油墨的上色範圍，只要透過青色版的縮圖即可辨識。[顏色值]高的部分接近黑色，低的部分接近灰色，沒有油墨分布的部分則用白色標示。

將影像的顏色分解成基本油墨 CMYK

相關內容｜將色版中的圖像移動到其他色版 P133

Illustrator 及 InDesign 中，若替物件設定已選擇的基本油墨，或是調和過的顏色，光是這樣就已經完成 CMYK 的指派。若是常用顏色，事先新增為**整體印刷色色票**[★3.]會很方便。用這個設定顏色，可一併變更 [顏色值]。

照片及插畫等點陣圖，在 Photoshop 會分解成基本油墨 CMYK。[色彩模式：RGB 色彩] 的影像，必須先轉成 [CMYK 色彩]，此時，也可不產生**黑色版**而進行轉換[★4.]。大部分的彩色影像，只用 C／M／Y 這 3 個色版即可表現。使用的油墨數量不多時，建議在最初階段先減少一個，之後處理會變得更輕鬆。

將 [RGB 色彩] 轉換為 [CMYK 色彩] 後不產生黑色版

STEP1. 執行『編輯／轉換為描述檔』命令，在 [轉換為描述檔] 交談窗中設定 [目的地空間：自訂 CMYK]。

STEP2. 在 [自訂 CMYK] 交談窗中將 [分色選項] 變更為 [黑版產生：無]，然後按下 [確定] 鈕。

STEP3. 按下 [轉換為描述檔] 交談窗的 [確定] 鈕。

★3. 關於整體印刷色色票，請參照 P116。InDesign 的印刷色色票相當於 Illustrator 的整體印刷色色票。

★4. 轉換色彩模式時會變成使用 [Japan Color 2001 Coated] 以外的色彩描述檔，因此這個檔案儲存時不會嵌入色彩描述檔。

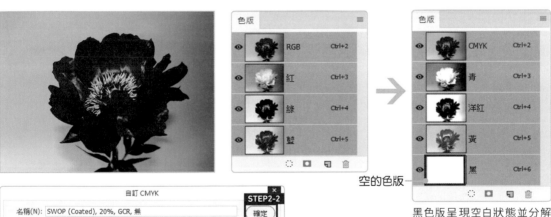

空的色版

黑色版呈現空白狀態並分解成 C／M／Y。

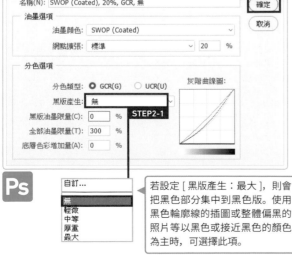

若設定 [黑版產生：最大]，則會把黑色部分集中到黑色版。使用黑色輪廓線的插圖或整體偏黑的照片等以黑色或接近黑色的顏色為主時，可選擇此項。

把黃色版隱藏或變成空白，即可用 2 色的油墨表現。

要調整色版，**[色版混合器] 調整圖層**很好用。不僅能夠無損原始影像地讓用不到的色版變空白，還可從其他色版移動要素。置入 Illustrator 及 InDesign 後，也可保留調整圖層★ 5.，因此置入後仍可調整油墨的分配。

★ 5. 完稿檔案建議將影像平面化。製作過程中可保留調整圖層，但送印時最好先平面化。

用調整圖層 [色版混合器] 分版

STEP1. 執行『圖層／新增調整圖層／色版混合器』命令。
STEP2. 在 [屬性] 面板把不使用 [輸出色版] 的色版，全部變更為 [0%]。
STEP3. 把 [輸出色版] 設定為使用的色版，根據需求移動其他色版的要素。

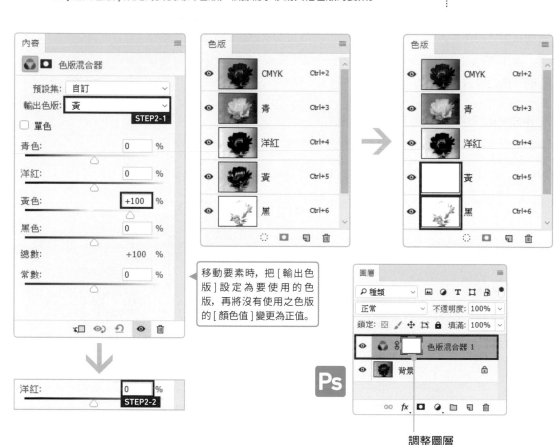

移動要素時，把 [輸出色版] 設定為要使用的色版，再將沒有使用之色版的 [顏色值] 變更為正值。

調整圖層

KEYWORD

色版

可以保留 [顏色值]、選取範圍、遮色片範圍等資訊。每一個色版皆呈現灰階影像。色版的構成會隨 [色彩模式] 而改變，[灰階] 及 [點陣圖] 時只有一個色版，[RGB 色彩] 及 [CMYK 色彩] 則會在面板中顯示合成色版（CMYK）及色彩資訊色版。在製作完稿檔案時，讓每塊版影像化的色版，具備重要的任務。若是 [CMYK 色彩]，不妨想成「色版＝版，色版的顏色＝油墨」。Photoshop 檔案包含特別色資訊時，也是設定為專用的色版（特別色色版）。

KEYWORD

調整圖層

把色調調整功能圖層化的功能。優點是可維持原始影像、可控制調整結果的開啟或關閉、可反覆編輯設定。調整圖層也可原封不動地置入編排軟體中，但是送印時最好還是平面化。

製作輸出範本

相關內容｜讓 Photoshop 檔案包含特別色資訊 P118

製作時使用的是暫定油墨，與實際使用的特別色油墨顏色並不相同。為了避免發生油墨弄錯或成品視覺效果的偏差，有必要附加**輸出範本**。要製作輸出範本，**Photoshop** 很好用，因為若利用 [色版] 面板，可輕鬆完成每個版的影像化。

常見的做法是利用**純色圖層**。從色版建立選取範圍後變成純色圖層，再用 [混合模式：色彩增值] 重疊，即可模擬印刷的顏色。若變更填色圖層的顏色，也可變更油墨的顏色。再者，若將純色圖層的顏色變更為 [K：100%]，即可變成單一黑色送印（請參照 P110）的完稿檔案★ 6.。

利用 Photoshop 的純色圖層製作輸出範本

STEP1. 在 Photoshop 開啟完稿檔案★ 7.，在 [讀入 PDF] 交談窗中選取頁面，設定 [模式：CMYK 顏色] 後按下 [確定] 鈕。

STEP2. 按住 [Ctrl（command）] 鍵，然後點按 [色版] 面板的縮圖建立選取範圍，再執行『選取／反轉』命令反轉選取範圍★ 8.。

STEP3. 執行『圖層／新增填滿圖層／純色』命令，在 [檢色器（純色）] 交談窗按 [色彩庫]。

★ 6. 當作完稿檔案使用時，請設定適合印刷的 [解析度]。

★ 7. 完稿檔案如果是影像（Photoshop 格式等），請先複製完稿檔案再操作。完稿檔案若是 Illustrator 檔或 PDF 檔，用 Photoshop 開啟後就會被當成另一個檔案，因此存檔也不會影響到原本的完稿檔案。

★ 8. 選取時按下 [Ctrl（command）] 鍵可選取的是色版的白色部分，反轉後即可選取黑色的部分。

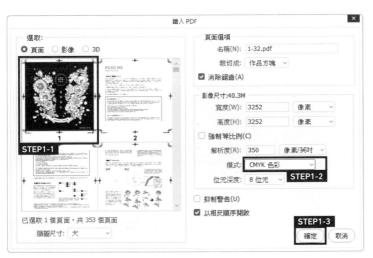

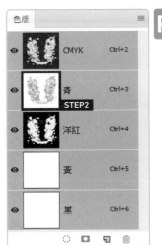

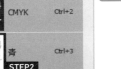

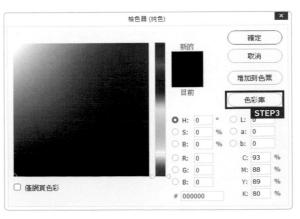

STEP4. 在 [色彩庫] 交談窗中下拉 [色表] 列示窗，從中選取要使用的特別色油墨，然後按下 [確定] 鈕。

STEP5. 每個色版重覆 STEP2 到 STEP4 的操作，製作純色圖層[*9.] 後，變更 [混合模式：色彩增值]。

★ 9. 先隱藏建立好的純色圖層，再從色版建立選取範圍。

ANPA 色彩
DIC 顏色參考
FOCOLTONE
HKS E 印刷
HKS E
HKS K 印刷
HKS K
HKS N 印刷
HKS N
HKS Z 印刷
HKS Z
PANTONE solid coated
PANTONE solid uncoated
PANTONE+ CMYK Coated
PANTONE+ CMYK Uncoated
PANTONE+ Color Bridge Coated
PANTONE+ Color Bridge Uncoated
PANTONE+ Metallic Coated
PANTONE+ Pastels & Neons Coated
PANTONE+ Pastels & Neons Uncoated
PANTONE+ Premium Metallics Coated
PANTONE+ Solid Coated
PANTONE+ Solid Uncoated
TOYO 94 COLOR FINDER
TOYO COLOR FINDER
TRUMATCH

[色表] 的預設值是 [DIC 顏色參考]。

STEP4-1
色彩庫
色表： DIC 顏色參考
STEP4-3
確定
取消
檢色(P)

STEP4-2
DIC 316s
DIC 317s
DIC 318s
DIC 319s
DIC 320s

L: 56
a: 26
b: 29

輸入顏色名稱，以便在顏色清單中選取它。

製作好的輸出範本

純色圖層

圖層
種類
STEP5
色彩增值   不透明度：100%
鎖定： 填滿：100%
DIC2165
DIC317
圖層 1
背景

變更為 [色彩增值]，是為了呈現疊印。全部去底色時維持 [正常] 即 可。另 外，合 成 本 身 是 用 [CMYK 色彩] 來處理，因此無法變成正確的顏色。

KEYWORD

輸出範本

別名：印刷範本

為了確認完稿檔案的視覺成果而製作的範本。完稿檔案是使用支援 PostScript 的印表機，以附帶裁切標記的原寸輸出最為理想，但是一般合版印刷也允許以 JPEG 格式的影像及 PDF 檔案來取代。輸出範本雖然容易被認為是具備「確認文字與影像的位置」與「確認顏色」這 2 種作用，但並非所有印刷廠都會用作顏色參考。輸出範本要求嚴密的色彩表現時，必須附註「用作顏色範本」。不過，基於此項成本不含在印刷費用內等理由，也可能無法校色。

KEYWORD

多重色版

別名：多重色版模式

Photoshop 的 [色彩模式] 的一種。若轉換為這種 [色彩模式]，色版除了 Alpha 色版，全部都會轉換為特別色色版。此時，合成色版會被捨棄。可變更色版重疊順序的只有這種 [色彩模式]。可以儲存的格式僅限於 Photoshop 格式、大型文件格式、RAW 格式、DCS2.0 格式。可用來建立特別色印刷的完稿檔案。

Photoshop 中, 有稱為 [多重色版] 的 [色彩模式]。若轉換為此, 即可將色版使用的顏色變更為特別色油墨★ 10.。因此可模擬印刷結果。不過儲存格式僅限於 Photoshop 格式及 DCS2.0 格式等特殊格式, 無法儲存成 JPEG 等通用性高的格式★ 11.。要用作輸出範本時, 建議擷取螢幕畫面。

用 Photoshop 的特別色色版製作輸出範本

STEP1. 在 Photoshop 設定 [模式：CMYK 色彩] 後開啟完稿檔案, 執行『影像／模式／多重面板』命令, 轉換為多重色版。
STEP2. 在 [色版] 面板雙按特別色色版後開啟 [特別色色版選項] 交談窗, 按下 [顏色] 色塊。
STEP3. 在 [色彩庫] 交談窗中下拉 [色表] 列示窗, 從中選取要使用的特別色油墨, 然後按下 [確定] 鈕。
STEP4. 在 [特別色色版選項] 交談窗按下 [確定] 鈕。

★ 10. 特別色色版中若設定特別色, Finder 及 Bridge 的縮圖將無法顯示正確的顏色(使用的顏色若是基本油墨 CMYK 則可正確反映)。另外, 也可在保留特別色色版的狀態下, 回復成 [CMYK 色彩](請參照 P119)。

★ 11. 若置入 InDesign, 會用 JPEG 等格式轉存。

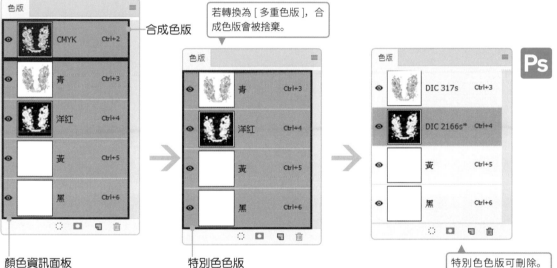

若轉換為 [多重色版], 合成色版會被捨棄。

合成色版

顏色資訊面板

特別色色版

特別色色版可刪除。不過, 色版只有一個時, 色版的顏色無法反映在畫面的預視上, 只會以灰階顯示。至少有兩個色版即可顯示畫面預視, 因此若不小心刪除了色版, 可從 [色版] 面板的選單執行『新增特別色色版』命令, 新增一個空白的特別色色版。

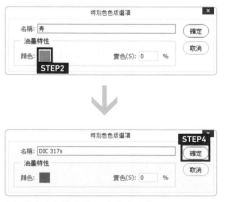

[色彩庫] 交談窗的內容與左頁相同。

3-3　製作特別色完稿的方法②　使用單一黑色製作

特別色的完稿檔案，也可以用單一黑色製作（編註：台灣較少採用這種方法，使用前請務必先向印刷廠確認是否可行）。只要是能夠用 [色彩模式：灰階] 編輯的軟體即可製作，但是很容易發生問題，例如會難以想像完成結果、2 色以上容易混淆等。

用單一黑色製作的優點

上油墨的部分用黑色繪圖，不上油墨的部分用白色或透明繪圖，即可製作特別色印刷的完稿檔案。Photoshop Elements、CLIP STUDIO PAINT 這類可用 [色彩模式：灰階] 編輯的軟體[1]，即可有效運用。缺點在於較難想像成果，[顏色值：100%] 的部分即使重疊也不易發現。

用單一黑色製作完稿檔案

用 Illustrator[2] 及 InDesign 製作單一黑色的完稿檔案時，顏色只用 **K 油墨**指定。用 [100%] 印刷部分設定為 **[K：100%]**，沒有印刷的部分設定為 [K：0%]。K 油墨的 [顏色值] 會直接變成特別色油墨的**網點 %**，因此顏色較淡的部分設定為 [K：50%] 等數值。不過，[K：100%] 以外的數值一定**會網點化**，因此無法呈現均勻的填色或清晰的輪廓。細小文字與極細線，網點化後可能會導致文字的可讀性下降，或是線條顯得斷斷續續。設定時請務必留意上述幾點。

★ 1. 無法用 [CMYK 色彩] 編輯的軟體，大多內建有 [灰階] 模式。也可用 [點陣圖] 模式製作。

★ 2. 使用 Illustrator 時，請替檔案設定為 [色彩模式：CMYK 色彩]，然後只用 K 油墨來製作。置入影像的色彩模式，除了 [灰階] 及 [點陣圖]，也可使用只有黑色版的 [CMYK 色彩]。

完稿檔案　　　　　　　　　　　　　印刷結果

特別色單色印刷的完稿檔案與其印刷結果（模擬）。[K：100%] 的部分用 [特別色油墨（紅）：100%] 印刷。

若是使用 Photoshop 來製作，則將檔案設定為 [色彩模式：灰階]，然後用黑[3]、白或灰色分別上色。也可像 Illustrator 一樣使用 [CMYK 色彩] 的檔案，然後只使用黑色版。

另外，漫畫原稿等使用的 [點陣圖] 影像，可直接用作特別色印刷的完稿檔案。這種 [色彩模式]，因為只用黑與白的像素表現圖案，若要保持與 350ppi 的灰階影像相同的細節，則需要原寸 600ppi 以上的 [解析度]。

★ 3. 這裡的「黑」是指 [K：100%]，「白」則是 [K：0%]。

★ 4. 利用 [黑白] 調整圖層也可轉換為單一黑色。不過，可使用的僅限於 [色彩模式：RGB 色彩]，必要時得變更為適合印刷的 [色彩模式：CMYK]。

用 Photoshop 將彩色影像轉換為單一黑色

把彩色影像轉換為單一黑色時，可以利用 Photoshop 將檔案轉換為 [色彩模式：灰階]，但是若維持 [CMYK 色彩]，用**調整圖層**轉換為單一黑色，不僅能夠保留顏色的資訊，之後的調整也較有彈性。要轉換為單一黑色，可利用 [色版混合器] 及 [色相、彩度][4] 等調整圖層。

用 [色版混合器] 調整圖層轉換為單一黑色

STEP1. 執行『圖層／新增調整圖層／色版混合器』命令。
STEP2. 在 [內容] 面板勾選 [單色]，然後用滑桿調整各色版的影響力。

勾選 [單色] 後的狀態。根據 [內容] 面板的預設值，將 [輸出色版] 選擇的青色版黑白化的狀態。

進一步調整各色版的輸出設定值，變成對比鮮明的黑白影像。

要讓背景變亮則減少 [青色]，要讓花瓣輪廓變清晰則增加 [洋紅]，根據需求自行調整設定值，利用原始影像的顏色去增添必要的要素。

111

用 [色相 / 飽和度] 調整圖層轉換為單一黑色

STEP1. 執行『圖層／新增調整圖層／色相 / 飽和度』命令。

STEP2. 在 [內容] 面板勾選 [上色]，然後變更 [飽和度：0]。

★ 5. 按下 [工 具] 面板的 [預設的前景和背景色] 鈕，無法變成 [K：100%] 的 [前 景 色]。必須在 [檢色器] 交談窗中變更為 [C：0%／M：0 % ／ Y：0 % ／ K：100%]。

[色相 / 飽和度] 調整後的結果顯得有點平淡，建議搭配使用 [色階] 來調整對比。

按此鈕可讓前景色與背景色回復到初期設定

用 [漸層對應] 調整圖層轉換為單一黑色

STEP1. 設定為 [前景色：黑 (K：100%)] [★5]、[背景色：白 (K：0%)]。

STEP2. 執行『圖層／新增調整圖層／漸層對應』命令。

STEP3. 在 [內容] 面板按下漸層圖開啟 [漸層編輯器] 交談窗，利用 [色標] 及 [色彩分點] 的滑桿來調整對比。

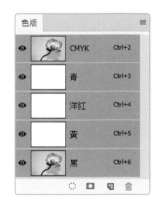

若將 [色標] 設定為 [C：100%]，可集中到青色版。

色彩分點

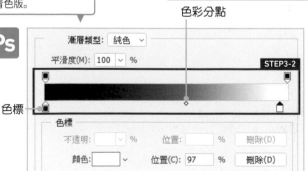

色標

調整圖層

預設的漸層是 [前景到背景]，因此若設定為 [前景色：黑 (K：100%)]、[背景色：白 (K：0%)]，在建立 [漸層對應] 調整圖層的階段，黑色版以外的色版會變空白。若各色版皆有像素分布，表示 [前景色] 沒有設定為 [K：100%]。此時請點選 [色標]，利用 [顏色] 欄位變更色彩。

用 Illustrator 將物件轉換為單一黑色

　　用 Illustrator 的選單，也可將物件轉換為單一黑色★6。不管是使用 [**轉換為灰階**] 或是 [**重新上色圖稿**]，K 油墨都會變成相同的 [顏色值]。若使用 [**調整色彩平衡**]，則可用滑桿調整 K 油墨的 [顏色值]。另外，[轉換為灰階] 與 [調整色彩平衡]，對於嵌入的影像也適用。

★ 6. 選擇物件後，從 [顏色] 面板的選單執行『灰階』命令切換顏色顯示，也可轉換為單一黑色。只不過這種做法的前提條件，是選取的路徑只有一個，或是選取多個路徑時，所有物件的 [填色] 與 [筆畫] 的設定都相同。若選取不同顏色的多個路徑所構成的物件，選單本身會呈現無法執行的狀態。

用 [轉換為灰階] 轉換為單一黑色

STEP1. 選取物件。

STEP2. 執行『編輯／編輯色彩／轉換為灰階』命令。

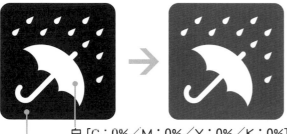

白 [C：0%／M：0%／Y：0%／K：0%]
紅 [C：0%／M：100%／Y：100%／K：0%]

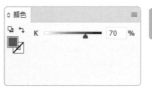

[顏色] 面板中的顏色顯示會變成灰階。

用 [重新上色圖稿] 轉換為單一黑色

STEP1. 選取物件，執行『編輯／編輯色彩／重新上色圖稿』命令★7。

STEP2. 在 [重新上色圖稿] 交談窗中按下 [編輯] 分頁，將 [指定色彩調整滑桿的模式] 變更為 [整體調整]。

STEP3. 變更為 [飽和度：-100%]，然後按下 [確定] 鈕。

★ 7. 若按下 [控制] 面板的圖示也可以開啟。

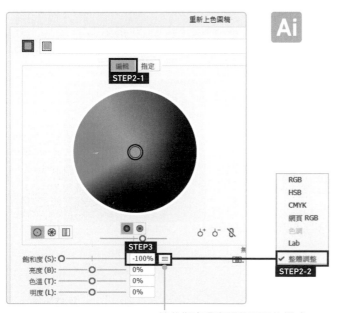

按此指定色彩調整滑桿的模式

[顏色] 面板雖然維持 CMYK 顯示，但得到與 [轉換為灰階] 相同的結果。

用 [調整色彩平衡]★8. 轉換為單一黑色

STEP1. 選取物件，執行『編輯／編輯色彩／調整色彩平衡』命令。

STEP2. 在 [調整色彩平衡] 交談窗中變更 [色彩模式：灰階]，接著勾選 [轉換] 後按下 [確定] 鈕。

★8. [調整色彩平衡]，是單純加減 [顏色值] 的功能。例如變更為 [C：10%]，則 [C：0%／M：0%／Y：0%／K：0%] 的部分會變成 [C：10%／M：0%／Y：0%／K：0%]。

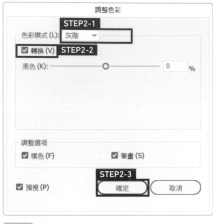

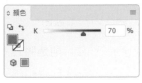

[黑色] 可調整 K 油墨的 [顏色值]。若設定為正值，則白色部分也會加入 K 油墨。。

黑色：-50%　　　**黑色：50%**

　　用 Photoshop 及 Illustrator 的選單轉換為單一黑色時，有一點要切記，就是轉換後的結果直接用作完稿檔案，可能出現非預期的結果★9.。例如把 [C：0%／M：100%／Y：100%／K：0%] 的紅色轉換為 [K：70%]，然後以此當作完稿檔案，如果用紅色油墨會用 [70%] 來印刷，而變成比較淡的紅色。一旦用選單轉換成單一黑色，原本用 [100%] 表現的部分，必須檢查是變成黑色或是接近黑色的顏色，必要時須調整色調，個別調整為 [K：100%]。

★9. 把彩色印刷用的完稿檔案，用軟體的選單轉換為 [灰階]，然後這樣送印時容易發生的失誤。彩色 LOGO 等處尤其要注意。

完稿檔案　　　　　　　印刷結果

[K：70%] 的部分會用 [特別色油墨：70%] 印刷而網點化，無法呈現油墨原本的顏色。

[K：100%] 的部分會變成用 [特別色油墨：100%] 印刷，可呈現油墨原本的顏色。

■ 印刷用的特別色油墨的顏色

用單一黑色製作 2 色以上的完稿檔案

使用的特別色油墨有 2 色以上時，從頭到尾都用單一黑色來製作完稿檔案相當困難。先選定一個顏色設定為黑色（K 油墨），其他顏色用適當的顏色來製作，最後再全部變更為黑色，是比較實際的解決對策。Illustrator 及 InDesign，先將每個油墨建立為**整體印刷色色色票**[★10.]，再利用這些色票來設定顏色，最後轉換成黑色就會輕鬆許多[★11.]。

Photoshop 的作法，則是將色版轉存為灰階影像。另一個方法，是先比照 P104 指派基本油墨 CMYK，接著用 Photoshop 開啟後將每個色版轉成影像，藉此完成單一黑色完稿檔案。用 Photoshop 開啟時，請務必留意 [解析度] 是否適合印刷。

用 Photoshop 將每個色版影像化

STEP3. 用 Photoshop 開啟檔案，從 [色版] 面板的選單執行『分離色版』命令。
STEP4. 儲存分離後產生的灰階影像。

指派基本油墨 CMYK 所完成的設計。

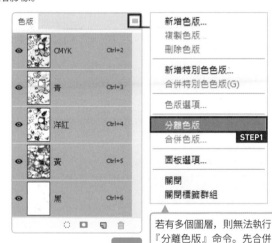

若有多個圖層，則無法執行『分離色版』命令。先合併圖層或將影像平面化為單一圖層，即可執行該命令。

★ 10. 利用疊印融合的顏色，無法用整體印刷色色票正確重現。設定為 [色彩類型：特別色] 使其變成特別色色票，即可正確反映，但是特別色色票容易造成麻煩，因此最後變更為黑色時，別忘了變更為 [色彩類型：印刷色] 使其恢復為整體印刷色色票。另外，偶爾也會遇到呈現灰色狀態無法變更 [色彩類型] 的狀況。

★ 11. 送印時，每個油墨必須分別存檔，是否能夠以單一檔案送印，必須根據印刷廠的指示。可以單一檔案送印時，通常每個油墨必須分別以不同圖層處理。圖層的名稱是以油墨名稱來明確標示。必須分別存檔時，檔案名稱必須以油墨名稱命名 (編註：以台灣的狀況來說，若採取 Risograph(孔版快印) 的特殊印刷方式，較常採取這種分油墨送檔案的送印方式。但其他平版印刷則不建議用這種方式送印)。

青　　　　　　洋紅　　　　　　黃　　　　　印刷結果

青色版的影像用黑色油墨，洋紅色版用紅色油墨，黃色版用土黃油墨置換印刷，會呈現最右圖的結果。最右圖的印刷結果是模擬效果。

3-4 製作特別色完稿的方法③ 讓檔案包含特別色資訊

使用特別色色票及特別色色版的完稿檔案，優點是成品不會色偏，且不需要製作輸出範本。而缺點是可受理這類完稿檔案的印刷廠有限，特別色資訊也可能會造成輸出問題。

特別色色票與讀取方法

特別色色票，是 Illustrator 及 InDesign 可使用的一種色票，內含**特別色色號**與其**外觀顏色資訊**。與基本油墨 CMYK 相同，會被當成單一獨立的油墨處理，讀入 [色票] 面板後若運用到檔案上，會追加到 [分色預視] 面板內。像這種特殊作用的色票，注意不可以比照印刷色色票或整體印刷色色票的感覺去使用。

特別色色票，基本上是從**色票資料庫**[★1] 讀入，不過 Illustrator 與 InDesign 的讀入方式有點不同

※ 特別色色票資料庫的使用須格外留意。若打算單純用作顏色範本，可能會出現意想不到的麻煩。

★ 1. 支援既有特別色油墨的特別色色票，收錄在 [色票資料庫] 的 [色表] 中，包含有 [PANTONE + CMYK] 及 [DICColor Guide] 等。

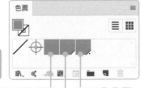

印刷色色票　　特別色色票
整體印刷色色票

KEYWORD 特別色色票	Illustrator 與 InDesign 可以使用，內含特別色色號與外觀顏色資訊的色票。縮圖右下角會顯示有「.」的白色三角形。與其他的色票不同，會在 [分色預視] 面板中形成獨立的版，只要用此色票設定顏色，便會將要素移動到有別於 CMYK 的其他版內。其他色票也可藉由變更 [色彩類型：特別色] 轉換為特別色色票，但為了避免麻煩，基本上是從色票資料庫讀入使用。
KEYWORD 印刷色色票	設定為 [色彩類型：印刷色] 的色票。印刷色是使用基本油墨 CMYK 來表現的顏色。整體印刷色色票也包含在印刷色色票內。色票的顏色也用 [CMYK 色彩] 以外的 [色彩模式] 來設定，不過最後還是會轉換成 CMYK 顯示。使用 Illustrator 時，即使變更色票的設定，也不會影響已經套用此色票的物件顏色。
KEYWORD 整體印刷色色票	設定為 [色彩類型：印刷色]，同時勾選 [整體] 的色票（只有 Illustrator）。縮圖右下角會顯示白色三角形。若變更色票的設定，套用此色票的物件顏色也會同步改變。暫時用此色票指定顏色，即便處於顏色尚未確定的階段，也可持續進行作業。

在 Illustrator 讀入特別色色票

STEP1. 執行『視窗／色票資料庫／色表／DIC Color Guide』命令★ 2.。

STEP2. 在 [DIC Color Guide] 面板點選色票。

★ 2. 其他的特別色色票資料庫，也可用相同方式開啟。

點按特別色色票，即可加入 [色票] 面板。

按下 [色票資料庫選單] 鈕可讀取色表。

色票資料庫選單

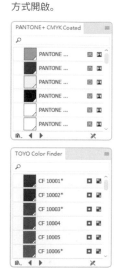

在 InDesign 讀入特別色色票

STEP3. 從 [色票] 面板執行『新增色票』命令。

STEP4. 在 [新增色票] 交談窗選取 [色彩模式：DIC Color Guide]，從列表中選取色票後按下 [確定] 鈕。

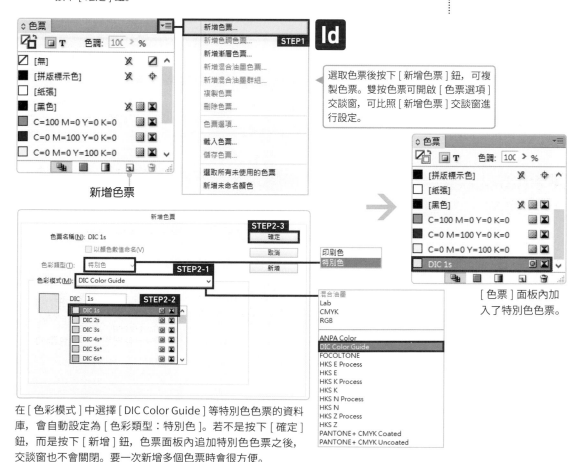

選取色票後按下 [新增色票] 鈕，可複製色票。雙按色票可開啟 [色票選項] 交談窗，可比照 [新增色票] 交談窗進行設定。

新增色票

[色票] 面板內加入了特別色色票。

在 [色彩模式] 中選擇 [DIC Color Guide] 等特別色色票的資料庫，會自動設定為 [色彩類型：特別色]。若不是按下 [確定] 鈕，而是按下 [新增] 鈕，色票面板內追加特別色色票之後，交談窗也不會關閉。要一次新增多個色票時會很方便。

特別色色票的管理

相關內容│用 [輸出] 分頁設定色彩空間 **P155**

要使用特別色色票時，建議盡量在要用的顏色確認後再讀入。單單讀入就會形成獨立的色版，而且若在嘗試階段讀入，[色票] 面板內會存在許多相似的色票，很可能因此選錯顏色[★3]。非得讀入候補色票時，最好定期刪除未使用的色票，整理 [色票] 面板。

刪除未使用的色票（Illustrator[★4]）

STEP1. 從 [色票] 面板的選單執行『選取全部未使用色票』命令。
STEP2. 按下 [刪除色票] 鈕，然後按下警告交談窗的 [是] 鈕。

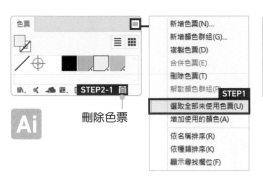

其他色票也可利用 [色票選項] 交談窗變更為 **[色彩類型：特別色]**[★5]，即可變成特別色色票，但是自己建立的特別色色票容易造成輸出問題，必須格外留意。特別色色票，基本上最好是從色票資料庫讀入使用。

讓 Photoshop 檔案包含特別色資訊

相關內容│製作輸出範本 **P107**

Photoshop 可保存特別色資訊的，是**特別色色版**，或是 **[色彩模式：雙色調]** 的檔案。從 [色票] 面板的選單雖然能夠讀入 [DIC Color Guide] 等特別色資訊，但這些終究是擬似色，就算使用也不會被判讀為特別色資訊。

特別色色版，除了 [色彩模式：點陣圖] 以外都可以建立，但是 [灰階] 的影像若包含顏色要素會造成混亂，因此通常是使用 [CMYK 色彩] 來製作。

★3. 轉存 PDF 時，可透過油墨管理的功能，將誤用的相似色特別色色票置換成原本使用的特別色色票，詳細請參照 P156。

★4. InDesign 要刪除未使用的色票，一樣是從 [色票] 面板的選單執行『選取所有未使用色票』命令，然後按下 [刪除色票] 鈕。不會顯示警告交談窗。

★5. 特別色色票具有可正確反映疊印的優點，因此也有將整體印刷色票暫時轉換為特別色色票的作業方法。不過，若是使用 Illustrator，特別色色票的疊印，在轉存成 Photohsop 格式或 JPEG 格式等影像時不會反映出來，因此當我們需要將輸出範本建立成影像時，可先在 Illustrator 內點陣化，或是用螢幕截圖的方式。置入 InDesign 後轉存為影像可以反映出特別色色票的疊印，因此也可利用此方法。

整體印刷色票

疊印　　色彩增值

特別色色票

疊印　　色彩增值

> **KEYWORD**
> ## 特別色色版
>
> Photoshop 色版的一種。可保存特別色色號及外觀顏色資訊。若選取既有的特別色油墨，特別色色號會變成色版的名稱，色版表現的顏色會變成特別色油墨的外觀顏色。也可設定 [不透明度]，預設值是 [0%]，若變更為 [100%] 可模擬不透明油墨。

用 Photoshop 建立特別色色版

STEP1. 從 [色版] 面板的選單執行『新增特別色色版』命令。

STEP2. 在 [新增特別色色版] 交談窗中點按 [顏色] 色塊，在 [色彩庫] 交談窗中選取 [色表：DIC 顏色參考]。

STEP3. 從列表中選取特別色油墨，按下 [確定] 鈕之後，再於 [新增特別色色版] 交談窗中按下 [確定] 鈕[*6]。

★ 6. 特別色色版中設定的特別色資訊，隨時都可以改變。雙按特別色色版的縮圖，即可開啟 [特別色色版選項] 交談窗再次編輯。

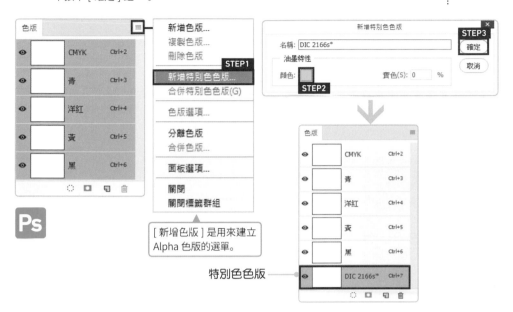

[新增色版] 是用來建立 Alpha 色版的選單。

特別色色版

在 P109 中，是將既有的色版轉換為特別色色版作為輸出範本。用這個方法也可製作完稿檔案，但是若無法以 [色彩模式：多重色版] 送印時，則必須恢復成 [CMYK 色彩][*7]。

★ 7. 即使已經恢復成 [CMYK 色彩]，但還是會有部分印刷廠無法受理包含特別色色版的完稿檔案，因此請務必確認印刷廠的完稿須知。

把 [多重色版] 恢復成 [CMYK 色彩]

STEP1. 從 [色版] 面板的選單執行『新增特別色色版』命令，建立暫時性的特別色色版。

STEP2. 重複 3 次 **STEP1.** 操作，然後把已建立的 4 個特別色色版移到多重色版的上面。

STEP3. 執行『影像／模式／CMYK 色彩』命令。

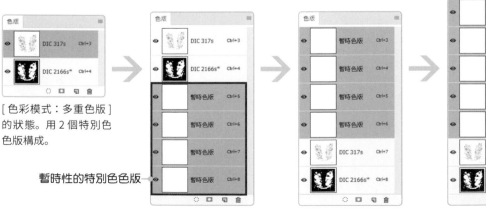

[色彩模式：多重色版] 的狀態。用 2 個特別色色版構成。

暫時性的特別色色版

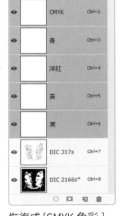

恢復成 [CMYK 色彩]。

[色彩模式：雙色調]，是用多個油墨來表現**灰階影像**。搭配其他油墨彌補單憑黑色濃淡變化難以表現的色階，可替影像營造深度韻味，因此常用於黑白照片等用途。不過彩色影像一旦轉換成灰階影像，照片的色彩資訊就會消失。要讓完稿檔案的置入影像包含特別色資訊時也可使用。

★ 8. 按下 [油墨 1] 的縮圖後若開啟的是 [檢色器(油墨 1 顏色)] 交談窗，請按下其中的 [色彩庫] 鈕，即可開啟 [色料庫] 交談窗。

讓 [色彩模式：雙色調] 的檔案包含特別色資訊

STEP1. 執行『影像／模式／灰階』命令轉會為灰階影像。

STEP2. 執行『影像／模式／雙色調』命令，在 [雙色調選項] 交談窗中設定 [類型：單色調]。

STEP3. 點按 [油墨 1] 的縮圖★ 8，在 [色彩庫] 交談窗中選取特別色油墨，然後按下 [確定] 鈕。

STEP4. 在 [雙色調選項] 交談窗中按下 [確定] 鈕。

CMYK 色彩

灰階

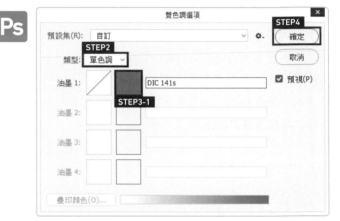

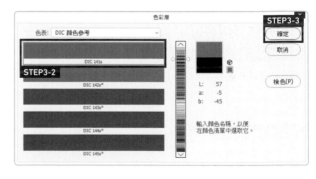

雙色調

若要再次編輯，請執行『影像／模式／雙色調』命令，即可開啟 [雙色調選項] 交談窗。此外，若轉換為 [色彩模式：多重色版]，可分解成特別色色版。

用 [類型：雙色調] 設定 2 個特別色油墨的狀態。

在 [雙色調選項] 交談窗按下左邊的縮圖，可開啟 [雙色調曲線] 交談窗，從中可用曲線調整油墨的輸出。

替 TIFF 影像上色

相關內容｜可替置入影像上色的 TIFF 格式 P63

Illustrator 及 InDesign，置入影像的 [色彩模式] 若是 [灰階] 或 [點陣圖] 的 **TIFF 格式**，即可用色票變更顏色，因此即便影像本身不包含色彩資訊，用這個方法仍可指定特別色油墨★ 9.。若是 Illustrator，設定方式與其他物件相同，先用 [選取工具] 選取影像，再於 [色票] 面板點選特別色色票即可；若是 InDesign，則是用 [直接選取工具] 或 [內容抓取工具] 選取影像，再點選特別色色票。

★ 9. 這個方法製成的完稿檔案可否送印，請向印刷廠確認。雖然罕見，但仍可能遇到已設定的色票失效的狀況。

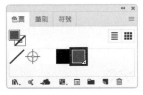

灰階的 TIFF 影像

特別色色票的顏色，會反映在影像的黑色或灰色部分。

完稿檔案包含特別色資訊時的注意事項

即使是能夠處理特別色印刷的印刷廠，也可能不受理包含特別色色票或特別色色版的完稿檔案，請務必仔細確認印刷廠的完稿須知。此時，通常會利用指派為基本油墨 CMYK、用單一黑色製作完稿檔案來因應。此外，有些印刷廠也會在進行 RIP 處理時，自動將特別色色票分解成基本油墨 CMYK★ 10.，這種情況下也不可使用。與 P94 自動黑色疊印的情況相同。

★ 10. 自動分解的這個動作，很可能會造成色偏，送印前請確認是否可使用 (編註：以台灣的狀況來說，一般的合板印刷並不接受特別色印刷，特別色印刷多半需要獨立開版)。

KEYWORD

雙色調

色彩模式的一種，利用多個油墨表現灰階影像。搭配其他油墨彌補單憑黑色濃淡變化難以表現的色階，可替影像營造深度韻味。油墨最多可設定到 4 個顏色。要讓置入影像包含特別色資訊時也可使用。

3-5 讓特別色油墨相互混色或與基本油墨 CMYK 混色

混合油墨可拓展顏色的表現。利用 Illustrator 及 InDesign 的功能，將混合好的油墨儲存起來，可更有效率地套用到物件上。

混色的優點與注意事項

印刷用油墨即使僅限於 2 色，但是藉由混色[1]，仍可表現各式各樣的色彩。例如粉紅色與水藍色，混色後也可表現出淡紫色。基本油墨 CMYK 與螢光粉紅，是漫畫封面及泳裝寫真雜誌封面常用的組合，藉由混合螢光粉紅，讓單憑基本油墨 CMYK 容易顯得黯沉的膚色變透亮，呈現鮮明的暖色。

特別色油墨的混色，使用在透明物件相關處時，必須格外留意。因為若透過透明度平面化將部分或全部物件影像化，會產生出乎意料的結果[2]。

利用粉紅色與水藍色的混色，表現花蕊、莖、葉顏色的例子。

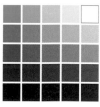

★ 1. 要理解油墨的混色，可試著使用基本油墨 CMYK 中的兩個顏色來調和顏色。光是 C 油墨與 M 油墨的混色，即可表現這些顏色。

★ 2. 無論是混色或是單獨使用，特別色色票與透明物件並用時必須格外留意。

使用 InDesign 的混合油墨色票

在 InDesign，可以將特別色油墨與特別色油墨、或是特別色油墨與基本油墨 CMYK 調和好的顏色儲存為色票（**混合油墨色票**）。利用色票設定顏色，隨時能夠再現相同的混色，相當方便。[色票] 面板選單中的『新增混合油墨色票』命令，只有在面板中包含特別色色票時才可作用。

KEYWORD
混合油墨色票

混合油墨色票是 InDesign 的一種色票，可儲存特別色油墨與特別色油墨的混色、或是特別色油墨與基本油墨 CMYK 的混色。不過，只有 [色票] 面板中包含特別色色票時才可以新增此色票。

建立混合油墨色票

STEP1. 從 [色票] 面板執行『新增混合油墨色票』命令。

STEP2. 在 [新增混合油墨色票] 交談窗中選取油墨後，各別設定 [顏色值]，然後按下 [確定] 鈕[★3]。

★3. 雙按已建立的色票，可開啟 [色票選項] 交談窗重新編輯。

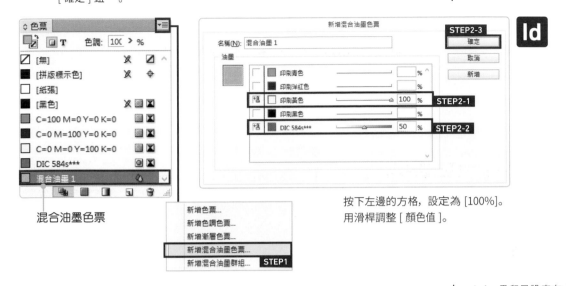

混合油墨色票

STEP1

按下左邊的方格，設定為 [100%]。
用滑桿調整 [顏色值]。

用 Illustrator 的繪圖樣式來管理混色

Illustrator 沒有具備像 InDesign 一樣方便的功能，因此需要花點工夫。要儲存調和好的混色，可利用 **[外觀]** 面板。

★4. 疊印是設定在上面的 [填色]。為了將 [填色] 新增在已選取項目的上面，根據步驟順序，即可將新增的 [填色] 新增在既有 [填色] 的上面。

用 [外觀] 面板混合基本油墨 CMYK 與特別色油墨

STEP1. 在 [外觀] 面板將 [填色] 設定為基本油墨 CMYK 的顏色。

STEP2. 按下 [新增填色] 鈕，然後替新增的 [填色] 設定特別色色票，再於 [屬性] 面板勾選 [疊印填色][★4]。

STEP3. 用 [顏色] 面板調整 [顏色值]。

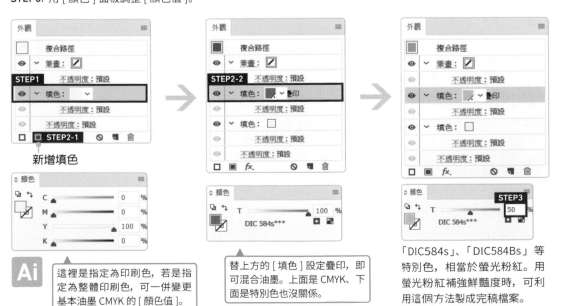

新增填色

這裡是指定為印刷色，若是指定為整體印刷色，可一併變更基本油墨 CMYK 的 [顏色值]。

替上方的 [填色] 設定疊印，即可混合油墨。上面是 CMYK、下面是特別色也沒關係。

「DIC584s」、「DIC584Bs」等特別色，相當於螢光粉紅。用螢光粉紅補強鮮豔度時，可利用這個方法製成完稿檔案。

若將混色新增為**繪圖樣式**，可輕鬆將相同混色套用到其他物件。另外，繪圖樣式建立後也可重新編輯設定。不過，與整體印刷色色票不同的是，除非重新定義繪圖樣式，否則修改結果不會反映在已套用的物件上[★5]。

★5. 用CMYK表現的顏色，如果事先整體印刷色色票管理，那麼這個顏色即使不重新定義繪圖樣式，也可即時更新。

★6. 物件呈選取狀態下修改繪圖樣式，則此物件會即時套用已修改的繪圖樣式。

★7. 在[繪圖樣式]面板選取繪圖樣式亦可。

新增為繪圖樣式

STEP1. 選取物件[★6.]，在[外觀]面板設定混色。
STEP2. 在[繪圖樣式]面板按下[新增繪圖樣式]鈕。

繪圖樣式

新增繪圖樣式

變更混色並重新定義繪圖樣式

STEP1. 選取已套用繪圖樣式的物件[★7.]。
STEP2. 在[外觀]面板、[色票]面板、[顏色]面板添加變更後，從[外觀]面板的選單執行『重新定義繪圖樣式』命令。

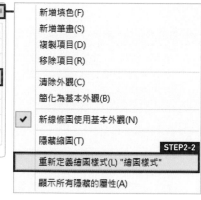

若添加變更，[外觀]面板的標題欄的[繪圖樣式]提示會消失。會反映變更的只有已選取的物件。這裡是將上方的[填色]從[50%]變更為[20%]。

選取已套用繪圖樣式的物件，也會一併選取繪圖樣式。

若執行『重新定義繪圖樣式』命令，會重新定義繪圖樣式，也會反映在已套用的物件上。

另外，繪圖樣式也可儲存 [筆畫] 的設定、[效果] 選單套用的變形、[混合模式] 等資訊。新增的混色用繪圖樣式，請留意不要設定色票的 [顏色值] 與疊印以外的資訊。

★ 8. 可用其他油墨代替的顏色。[色彩模式：CMYK 色彩] 是分解成基本油墨 CMYK，[RGB 色彩] 則是分解成光的三原色 RGB。

用 Photoshop 混合特別色油墨
相關內容｜在色版內繪圖 **P131**

Photoshop 並沒有將混合後的特別色儲存為色票的功能。Photoshop 的特別色色票，終究只是擬似色★ 8.。也因此，若要混合特別色油墨，會變成直接操作**特別色色版**的影像。色版影像可用 [筆刷工具] 或 | 橡皮擦工具] 繪圖，若建立選取範圍，則可複製貼上其他色版的影像。關於色版操作的詳細解說，請參照 P130。

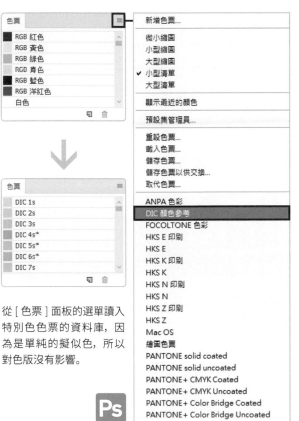

從 [色票] 面板的選單讀入特別色色票的資料庫，因為是單純的擬似色，所以對色版沒有影響。

這是用 [前景色：DIC584s] 繪製而成。

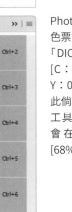

Photoshop 的特別色色票會分解成 CMYK。「DIC584s」會變成 [C：0%／M：68%／Y：0%／K：0%]，因此倘若 [筆刷工具] 等工具使用這個色票，會在洋紅色色版用 [68%] 繪圖。

KEYWORD

繪圖樣式

這是將物件的 [填色]、[筆畫]、[效果] 選單中套用的變形等外觀屬性預設化的 Illustrator 功能。在 [繪圖樣式] 面板可新增或套用，若要變更或修改樣式則是在 [外觀] 面板進行。

3-6 建立補漏白

為了補救套印不準的狀況，可在顏色的邊界處，建立稱為「補漏白」的重疊區域來補救，是很常見的處理技巧。容易套印不準的印刷方式若事先進行這項處理，可讓成果更臻完美。

關於補漏白

若在顏色的邊界事先製作重疊區域，即使套印不準，也不會露出紙張的白底。這項處理稱為「**補漏白**」，在使用 2 色以上印刷的瓦楞紙或紙袋極為常見[1]。大部分的情況，會使用明亮或是比較淺的油墨來製作重疊區域，例如黃色搭配綠色時就選黃色，紅色搭配藍色時就選紅色。

★ 1. 套版精準度低的印刷品很容易發現補漏白的運用。

沒有補漏白

套印不準的例子

[C：100%]
[M：100%]

補漏白

補漏白，有擴張背景面積的「內縮」，以及擴張圖案的「擴散」。

有補漏白（內縮）

套印不準的例子

建立補漏白的版

有補漏白（擴散）

KEYWORD

補漏白

別名：縮底、蹦邊

為了補救套印不準，事先在白色邊界建立油墨的重疊區域。在印刷精準度低的時候尤其有效。一般的平版印刷大多不需要。

在 Illustrator 中可利用 [筆畫] 或專用的選單製作補漏白。是否要補漏白及其適當的寬度，會隨印刷廠及印刷品種類而改變。建議仔細閱讀完稿須知，若無記載也請事先詢問清楚。

另外，並非每次都要製作補漏白[*2.]。彩色印刷（CMYK）即使稍微套印不準，也會用共用油墨來適度補救間隙，加上機械的對位精準度較高，所以大多不需要補漏白，否則反而會因此造成麻煩[*3.]。

彩色印刷（CMYK）完稿（左）與套印不準的例子（右）。看起來幾乎沒有錯位，因此通常不需要補漏白。

用 Illustrator 建立補漏白

最基本的做法，是利用 [筆畫] 建立補漏白[*4.]。用疊印的 [筆畫] 擴張面積，藉此產生重疊區域。顏色的邊界是環狀時，只要設定疊印的 [筆畫] 即可，若是複雜的補漏白，則會一併使用**剪裁遮色片**。其他還有利用 [效果] **選單**自動建立補漏白的方法。

用 [筆畫] 製作補漏白

STEP1. 把要補漏白的物件複製到最前面，然後變更為 [填色：無]。
STEP2. 使用與擴張面積物件相同的油墨來設定 [筆畫] 的顏色，然後設定 [對齊筆畫：筆畫內側對齊]。
STEP3. 在 [屬性] 面板勾選 [疊印筆畫]。

★ 2. 補漏白有效果的，是採取孔版印刷或活版印刷進行多色印刷這類容易套印不準的情況。建立好之後，最好也附上標示出補漏白處的輸出範本。

★ 3. 有時也須按照印刷廠獨特的原則去製作，這種情況下也不需要補漏白。

★ 4. 補漏白的適當作法會隨條件而有所改變。本書中的解說只不過是其中一例。

用上層物件的形狀建立補漏白。

替上層物件直接設定疊印 [筆畫]，看似得到解決，但是若不分開物件，疊印無法如預期般發生作用。

[筆畫] 的 [顏色值] 設定成比背景或物件還低。若是淺色，與物件設定相同顏色也沒關係。因為是內縮補漏白，因此設定為 [筆畫內側對齊]。

[筆畫] 設定疊印，就變成補漏白。

建立複雜形狀的補漏白

STEP1. 把要補漏白的物件複製到最前面，然後變更為 [填色：無]，設定疊印的 [筆畫]。
STEP2. 把相鄰物件複製到最前面之後，再同時選取 STEP1 複製的物件。
STEP3. 執行『物件／剪裁遮色片／製作』命令，用剪裁遮色片[5.]裁剪形狀。

★ 5. 關於剪裁遮色片
請參照 P67。

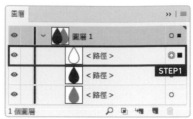

利用重疊物件製作補漏白時，要選取前面的物件（左）。設定疊印的 [筆畫] 後，若前面的物件要內縮則設定 [對齊筆畫：筆畫內側對齊]，要擴張時則設定 [對齊筆畫：筆畫外側對齊]。最後再用剪裁遮色片裁剪形狀。

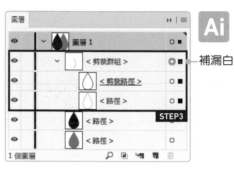

←補漏白

利用 [效果] 選單建立補漏白

STEP1. 將補漏白相關物件群組化[6.]，然後執行『效果／路徑管理員／補漏白』命令。
STEP2. 在 [路徑管理員選項] 交談窗的 [補漏白設定] 區[7.]調整 [厚度] 及 [降低色調]，然後按下 [確定] 鈕。

★ 6. 要利用此方法，必須事先將相關物件群組化。

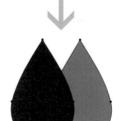

★ 7. 若勾選 [反轉補漏白]，會在相對位置建立補漏白。

 也可從 [路徑管理員] 面板的選單執行『補漏白』命令來建立。此時補漏白是建立成路徑。

[效果] 選單建立的補漏白是建立成外觀屬性，因此可透過 [外觀] 面板重新編輯。此外，若變更物件的顏色，補漏白的顏色也會隨之產生變化。

用 Photoshop 建立補漏白

用 Photoshop 建立補漏白[8]，是利用選取範圍操作色版的影像。要編輯選取範圍，運用**快速遮色片模式**很方便。能把選取範圍當作影像來編輯，還可把黑色填色範圍轉換為非選取範圍、白色填色範圍轉換成選取範圍。

利用快速遮色片模式建立補漏白

STEP1. 執行『選取範圍／以快速遮色片模式編輯』命令，切換為快速遮色片模式後[9]，在 [色版] 面板按住 [Ctrl (command)] 鍵後點按青色版建立選取範圍，再執行『選取／反轉』命令反轉選取範圍。

STEP2. 執行『選取／修改／擴張』命令，在 [擴張選取範圍] 交談窗的 [擴張] 設定補漏白的寬度，然後按下 [確定] 鈕。

STEP3. 選取快速遮色片色版後，執行『編輯／填滿』命令，在 [填滿] 交談窗中設定 [內容：黑色] 後按下 [確定] 鈕。

STEP4. 按住 [Ctrl (command)] 鍵後點按洋紅色版建立選取範圍，再執行『選取／反轉』命令反轉選取範圍。

STEP5. 選取快速遮色片色版後，執行『編輯／填滿』命令，在 [填滿] 交談窗中設定 [內容：白色] 後按下 [確定] 鈕。

STEP6. 按住 [Ctrl (command)] 鍵後點按快速遮色片色版建立選取範圍後反轉，再選取洋紅色版，執行『編輯／填滿』命令，在 [填滿] 交談窗中設定 [內容：50% 灰階][10] 後按下 [確定] 鈕。

★ 8. 補漏白有效果的，是用單獨的油墨(色版)表現的顏色邊界。紅色 [M：100%／Y：100%] 與黃色 [Y：80%] 等相鄰顏色使用共通的油墨時，即使套印不準也不明顯，因此沒有必要建立補漏白。

★ 9. 再次執行『選取／以快速遮色片模式編輯』命令，即可回復一般模式。若回復成一般模式，快速遮色片色版的影像就會被捨棄。

★ 10. 即使不是 [50% 灰階] 也沒關係。要調整補漏白的深淺，可選擇 [內容：顏色]，再從中挑選顏色。

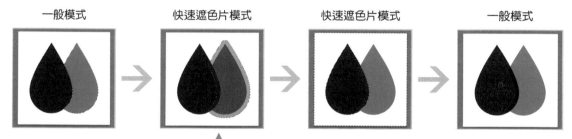

一般模式　快速遮色片模式　快速遮色片模式　一般模式

若切換成快速遮色片模式，[快速遮色片] 色版的黑色部分會用 50% 的紅色突顯標示。

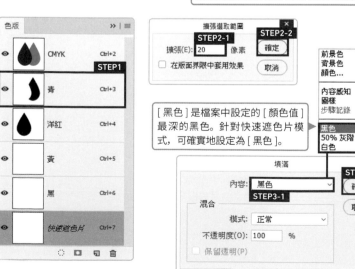

[黑色] 是檔案中設定的 [顏色值] 最深的黑色。針對快速遮色片模式，可確實地設定為 [黑色]。

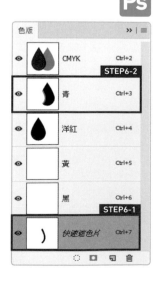

3-7 Photoshop 的色版操作

用 Photoshop 製作完稿檔案時，不妨把色版想成實際印刷時使用的印刷版。檢視色版面板，可判別版的狀態，若能根據想法操作色版，即可控制油墨的範圍。

關於 Photoshop 的色版

用 Photoshop 製作完稿檔案時，必須理解色版[1]。檢視 [色版] 面板，可判別印刷使用的油墨與版的狀態。色版＝版，這麼想也可以。色版包含**顏色資訊色版**、**特別色色版**、**Alpha 色版** 3 種，各自的性質也有所差異。

顏色資訊色版是預設的色版。色版的影像，會直接變成印刷用的**版**[2]。顯示的色版，會根據檔案的 [色彩模式] 改變。[CMYK 色彩] 會加入青／洋紅／黃／黑這 4 個色版，[色版] 面板的最上層會顯示**合成色版**。[灰階] 會顯示灰色色版，[點陣圖] 則只會顯示點陣圖色版。

★ 1. 特別色印刷的完稿檔案，也有指派特定的顏色資訊色版，或是利用特別色色版的情況，因此理解色版是極有好處的。

★ 2. [色彩模式] 設定為印刷用途的 [CMYK 色彩]、[灰階]、[點陣圖]、[多重色版] 時的情況。

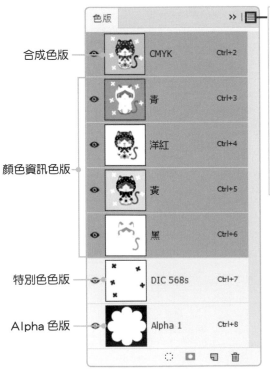

合成色版 — CMYK Ctrl+2

顏色資訊色版 — 青 Ctrl+3 / 洋紅 Ctrl+4 / 黃 Ctrl+5 / 黑 Ctrl+6

特別色色版 — DIC 568s Ctrl+7

Alpha 色版 — Alpha 1 Ctrl+8

新增色版...
複製色版...
刪除色版

新增特別色色版...
合併特別色色版(G)

色版選項...

分離色版
合併色版...

面板選項...

關閉
關閉標籤群組

顯示顏色資訊色版與特別色色版。

顯示所有的色版。Alpha 版的黑色部分，預設會用 50% 的紅色標示。

只顯示 [顏色資訊] 面板。包含特別色色版的影像若以 JPEG 等格式儲存，特別色色版會被刪除，變成這個狀態。

Ps

特別色色版，是能夠保存特別色資訊的色版，與顏色資訊色版相同，會被當成一個版來處理。基本油墨 CMYK 與特別色油墨重疊印刷時，會利用此色版來製作特別色用的版。

Alpha 色版，除了能夠儲存選取範圍，置入 InDesign 時，還可用作去背遮色片[3]。另外，這個色版不會被當成版來處理。

特別色色版與 Alpha 色版，可儲存的檔案格式有限。若選擇無法保留的格式會被刪除，儲存時請務必留意。

檔案格式	[顏色資訊] 面板	特別色色版	Alpha 色版
Photoshop 格式	○	○	○
EPS 格式	○	×	×
TIFF 格式	○	○	○
JPEG 格式	○	×	×
DCS2.0 格式	○	○	×
PDF 格式	○	○	○

※ ○表示可以保留， × 表示會刪除。

在色版上繪圖

相關內容｜用 Photoshop 混合特別色油墨 P125

色版的影像，可利用 [色版] 面板的**縮圖**[4] 確認。如果用 [色版] 面板將部分色版切換為隱藏，即可讓特定色的影像顯示在畫布上。

在選取色版的狀態下，用 [筆刷工具] 或 [橡皮擦工具] 等工具在畫布上拖曳，即可在色版的影像上**直接繪圖**。如果用黑色[5] 或灰色[6] 繪圖，即可成為印刷時的上墨部分。白色部分不會上墨，會變成透明。色版的影像，除了選取範圍的建立與填色等操作，還可使用 [色階]、[負片效果] 等『**影像／調整**』選單。

★ 3. 把 Alpha 色版當作去背遮色片的使用方法，請參照 P70。

★ 4. 縮圖的尺寸，從 [色版] 面板的選單執行『面板選項』命令即可變更。放大顯示看得比較清楚。

★ 5. 用「黑色」繪圖的部分，會變成 [顏色值：100%]。要選取「黑色」，可在 [顏色] 面板將色版對應的油墨設定為 [100%]。

★ 6. 要正確調整為 [50%] 時，可在 [顏色] 面板將色版對應的油墨設定為 [50%] 來繪圖。另外，若選取特別色色版與 Alpha 色版，[顏色] 面板會自動顯示為灰階。K 油墨的 [顏色值] 會直接變成特別色油墨的 [顏色值]。

未選取圖層　　　　　已選取圖層

非圖層區域（點按此處可變成未選取圖層的狀態）

要在色版上繪圖，必須要選取「背景」或是圖層。點按圖層面板的非圖層區域，會變成未選取任何圖層的狀態（左），因此無法在色版上繪圖。

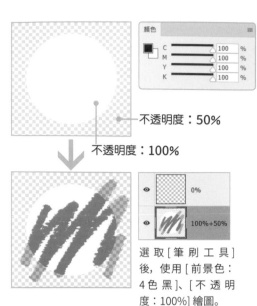

不透明度：50%

不透明度：100%

選取 [筆刷工具] 後，使用 [前景色：4 色黑]、[不透明度：100%] 繪圖。

即使用 [前景色：4 色黑] 上色，[不透明度：50%] 的部分仍會維持透明度。

選取由 [不透明度] 設定為 [100%] 與 [50%] 的像素構成的圖層，會選取青色版。如果用 [前景色：4 色黑] 繪圖，只會畫在青色版上。這個結果會影響圖層像素的 [不透明度]。

已選取特定色版時，若選取的是剛新增的圖層（若所有像素都是 [不透明度：0%] 的透明圖層），將會無法繪圖。

未選取特定色版的狀態下，不會影響圖層像素的 [不透明度]。[前景色] 中包含的油墨與 [顏色值]，可控制色版的影響。在 Photoshop 建立新檔時，之所以能夠立即繪圖，是因為預設會呈現此狀態。

若選取特別色色版，顏色面板會變成灰階顯示。

已選取特別色色版的狀態下，不會影響圖層像素的 [不透明度]。不過，特別色色版的影像，不會反映在圖層或「背景」上。

132

將色版的影像移到其他色版上

[相關內容｜將影像的顏色分解成基本油墨 CMYK P105]

★7. 也有把 M（洋紅）版置換成螢光粉紅的方法。螢光粉紅是特別色油墨，所以用特別色色版指定。

　　要在基本油墨 CMYK 中添加螢光粉紅，藉此讓膚色更顯清潤明亮時，一般的作法是複製 M（洋紅）色版，用來指派為螢光粉紅[★7]。基本油墨 CMYK 的範圍之下，要複製或移動色版的影像，利用 [色版混合器] 調整圖層非常方便，但因為 [色版混合器] 無法調整特別色色版，因此直接複製色版。

把顏色資訊色版的影像移動到其他顏色資訊色版（例：從 [青] 移動到 [黑]）

STEP1. 執行『圖層／新增調整圖層／色版混合器』命令。
STEP2. 在 [內容] 面板設定 [輸出色版：黑]，變更為 [青：100%]。
STEP3. 在 [內容] 面板設定 [輸出色版：青]，變更為 [青：0%]。

Ps

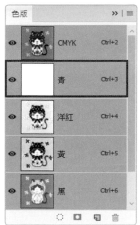

指派為基本油墨 CMYK 製作雙色印刷用的完稿檔案時（P104），若試著把 [RGB 色彩] 的影像轉換為 [CMYK 色彩]，也會把想使用的部分分解到沒有使用的色版上。此時，也可用這個方法移動色版的影像。

把顏色資訊色版的影像移動到特別色色版

STEP1. 在色版面板將欲複製的色版拖曳到 [建立新色版] 鈕上加以複製★8.。

STEP2. 雙按剛才複製的色版開啟 [色版選項] 交談窗，變更為 [顏色指示：特別色]，然後在 [顏色] 區指定特別色油墨，再設定為 [實色：0%]。

STEP3. 必要時可選取已建立的特別色色版，執行『影像／調整／亮度 / 對比』命令來調整影像。

★ 8. 也 可 從 [色 版] 面板的選單執行『複製色版』命令來複製色版。

複製洋紅色版。　　　　　　　　　把複製的色版變成特別色色版。　　利用特別色色版的影像亮度，來調整特別色的影響力。

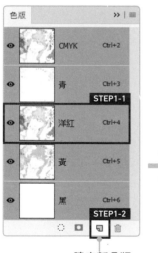  

Ps

建立新色版

Alpha 色版

複製出來的色版，會變成 Alpha 色版。

特別色色版

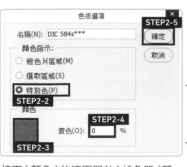

按下 [顏色] 的縮圖開啟 [檢色器 (顏色)] 交談窗，然後按下 [色彩庫] 鈕，從中指定特別色油墨。

色版的影像，「遮色片範圍」是黑色部分，「選取範圍」是白色部分。

[實色] 是用來設定油墨的透明度。[100%] 會變成不透明的油墨。變更為特別色色版時，通常是設定為 [0%]。

也可用 [曲線] 或 [色階] 來調整。

用調整圖層去除青色

使用 [色彩模式：RGB 色彩] 繪製的插圖，若轉換為 [CMYK 色彩]，感覺膚色會變暗沉[*9]。原因大多是因為膚色混入了 1～5% 左右的 C 油墨[*10]，把這部分去掉即可解決。

★ 9. 想要繪製白皮膚的人物時可參考此處的設定。

★ 10. K 油墨也是導致暗沉的原因。

用調整圖層 [曲線] 刪減至 [C：2%]。

STEP1. 執行『圖層／新增調整圖層／曲線』命令。

STEP2. 在 [內容] 面板選取 [青]，然後將曲線左下角的方格（■）往右水平拖曳，變更為 [輸入：2]、[輸出：0]。

資訊	≡
C : 2%	R : 251
M : 5%	G : 245
Y : 10%	B : 233
K : 0%	
8 位元	8 位元

將游標移到臉頰上，然後檢視 [資訊] 面板，得知有混入 C 油墨 [2%]。

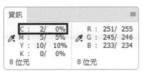

資訊	≡
C : 2/ 0%	R : 251/ 255
M : 5/ 5%	G : 245/ 246
Y : 10/ 10%	B : 233/ 234
K : 0/ 0%	
8 位元	8 位元

利用調整圖層，將臉頰上的 C 油墨變更為 [0%]。斜線的左邊是調整前，右邊是調整後。

在下方的輸入欄位，一旦拖曳曲線的方格（■）就會顯示。若設定為 [輸入：2]、[輸出：0]，從 [0%] 到 [2%] 的部分都會變成 [0%]。比 [2%] 高的部分，例如 [5%] 則會維持原狀。

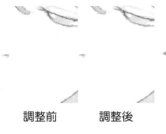

[C：2%] 左右，在相鄰處雖然是勉強看得出差異的程度，倘若面積大的話，影響也會愈顯著。

調整前　　調整後

C 顏色值	0%	1%	2%	3%	4%	5%	10%
M：0% Y：0%							
M：7% Y：7%							
M：7% Y：15%							
M：10% Y：15%							

影響範圍可用 [曲線] 調整圖層的圖層遮色片來調整。

3-8 關於顏色的變更

製作完稿檔案時,如果用 [顏色值] 以外的方法變更顏色,會伴隨著風險。[不透明度] 及 [混合模式] 被視為透明效果,若受到自動黑色疊印的影響會導致意想不到的結果。

[顏色值] 與 [不透明度] 的差異

[顏色值] 或 [不透明度],看起來似乎都可用來調整顏色。用基本油墨 CMYK 表現時,只能在 [顏色] 面板調整最多 4 個 [顏色值],若要讓顏色變淡,感覺利用 [透明度] 面板的 [不透明度] 比較簡單。把 [不透明度] 從 [100%] 變更為 [50%],顏色雖然感覺變淡了,但實際上改變的只是物件的 [不透明度],顏色本身並沒有變化。

即便如此,如果背景是白色[1],不透明度再怎麼調整看起來結果幾乎相同,但是如果背景有其他顏色或物件時,結果就會改變。此外,因為使用了**透明效果**,轉存或儲存時就有可能被平面化。

要改變顏色的時候,就算麻煩也請利用 **[顏色] 面板**的 **[顏色值]**,或是利用 **[色票選項交談窗]** 來設定整體印刷色色票。若要調整濃淡,按住 [Ctrl (command)] 鍵或 [Shift] 鍵後拖曳滑桿,即可維持 CMYK 比例地進行變更。另外,特別色色票及整體印刷色色票,在 [顏色] 面板顯示的油墨原本

> ★ 1. Illustrator 及 InDesign 的工作區域看似白色背景,實際上是透明,因此將儲存的檔案置入編排軟體時,背景會透出來。物件設定白色的 [填色] 後製作白色背景,或是用 [背景:白色] 點陣化讓透明部分消失,建議像這樣不使用 [不透明度],而是利用 [顏色值] 來變更會比較好。

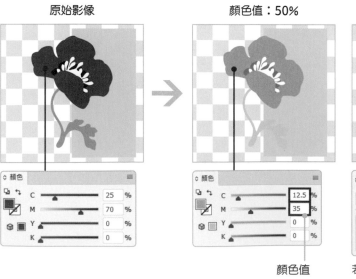

原始影像　　顏色值:50%　　不透明度:50%

顏色值

若變更為低於 [不透明度:100%] 的數值,就會透出背景。

因為就只有一個顏色，因此利用 [顏色值] 調整濃淡並不麻煩。Illustrator 還可利用『編輯／編輯色彩』選單的『**重新上色圖稿**』★2. 或『**飽和度**』等命令，維持 CMYK 比例同時統一調整多個物件的 [顏色值]。

★ 2. 關於 [重新上色圖稿]，請參照 P113。

Illustrator 及 InDesign 的特別色色票及整體印刷色色票，可在 [顏色] 面板維持 CMYK 比例同時調整 [顏色值]。InDesign 會顯示調整後的 [顏色值]。

調整後的 [顏色值]

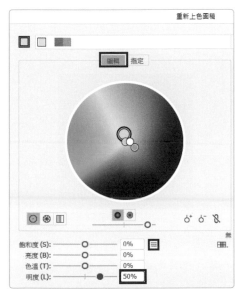

按下 [編輯] 鈕後，變更為 [指定色彩滑桿的模式：整體調整]，若將 [明度] 設定為正值，可維持 CMYK 比例同時調整 [顏色值]。若設定為負值，會追加 K 油墨，接近黑色。

可用「飽和度」的 [強度] 調整 [顏色值]。負值會減少 [顏色值]，正值會增加 [顏色值]。雖然名為「飽和度」，其實是調整 [顏色值]。

[重新上色圖稿] 與 [飽和度] 都不需要變更 [不透明度]，也可得到與利用 [不透明度] 變更顏色相同的效果。

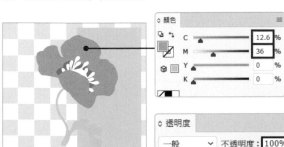

用 [不透明度：50%] 讓顏色變淡的物件，若執行『物件／透明度平面化』命令，可轉換為 [不透明度：100%]。[顏色值] 大致上是根據 [不透明度] 的比例去換算，但會出現些微的誤差。『透明度平面化』命令是手動將透明平面化的選單，請參照 P87。

左頁的 [不透明度：50%] 套用 [透明度平面化]。

KEYWORD

不透明度

是指物件透出背景的程度。單位為「%」。[100%] 是不透明，若選其他數值都會變成半透明。Illustrator 是利用 [透明度] 面板來變更，InDesign 是利用 [效果] 面板，Photoshop 則是利用 [圖層] 面板。

[顏色值：100%] 與其他數值

相關內容｜特別色印刷的用途 P102

若理解 [顏色值]，即可挑選最合適的印刷方式。**[顏色值：100%]** 會變成均勻的**色塊**，其他非 100% 的數值一定會**網點化**。網點化會造成輪廓模糊，小文字容易破損導致可讀性降低。此外，由於顏色變成網點的集合體，因此淺色看起來會較濁。把基本油墨 CMYK 可表現的顏色，刻意用特別色表現的好處，在於能夠迴避上述問題★ 3.。舉例來說，粉彩粉紅雖然用基本油墨 CMYK 也可表現，但是印刷品若只用到這個顏色，改用特別色油墨 [顏色值：100%]，印刷成果會更加鮮明。

★ 3. 特別色油墨的數量一旦增加，成本會比使用基本油墨 CMYK 印刷來得高。

★ 4. [K：100%] 的物件若設定 [混合模式：濾色]，顏色看起來會變白色，自動黑色疊印是以使用的油墨與其 [顏色值] 來判別對象，因此會設定疊印。

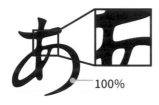 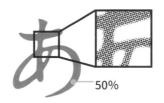 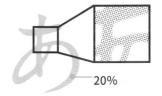

100%　　　　50%　　　　20%

※ 上圖的網點是模擬圖，僅供參考，並非實際的印刷品。

關於 [混合模式] 的使用

相關內容｜透明物件須格外留意的原因 P80

相關內容｜關於 RIP 處理時的自動黑色疊印 P94

要改變顏色，使用 [混合模式] 也很危險。不僅會成為**透明度平面化**的處理對象，疊印的有無也可能會改變結果。即使自己沒有設定，RIP 處理時若套用**自動黑色疊印**★ 4.，[K：100%] 的物件就會被設定疊印。[濾色] 與 [覆蓋]★ 5. 等混合模式的結果，會受到疊印有無的極大影響。

★ 5. 在此以 Photoshop 的 [混合模式] 名稱來做介紹，與 Illustrator 與 InDesign 的名稱會有些許差異，例如：[濾色]、[覆蓋]、[加深顏色]，在 Illustrator 分別稱為 [網屏]、[重疊]、[色彩加深]。

文字的 [混合模式]	全部去底色	套用自動黑色疊印
正常	ABC	ABC
色彩增值	ABC	ABC
加深顏色	BC	BC
濾色	ABC	BC
覆蓋	ABC	BC
差異化	ABC	ABC

C：70%（背景色）
K：100（文字）去底色

K：100（文字）疊印

文字用黑色 [K：100%]、左半邊的背景用 [C：70%] 製成的範例。只有文字變更 [混合模式]。

假設左列全部是去底色，右列是套用自動黑色疊印的狀態，然後只有文字設定疊印。觀察此結果，可得知用 [濾色] 製作反白文字很危險。

另外，若透明度平面化後再套用自動黑色疊印，會變成類似左列（全部去底色）的結果。

CHAPTER

4

完稿檔案的儲存與轉存

4-1 各種送印方法

交件送印方法有各式各樣的選擇，包括 PDF 送印、原生檔送印、純影像送印及 RGB 送印等等。建議大家掌握每種方式的優缺點，即可根據用途靈活運用。

送印方法的選項與 PDF 送印的優點

送印方法大致可區分為以下 2 種：以 **PDF 格式**[1] 送印、以軟體各自的**原生格式**送印[2]。最適合的送印方法，會隨作業環境與印刷廠的機器而改變。其中堪稱好處最多且通用性高的是 PDF 送印，但也並非任何情況都能使用這種格式。例如需要軋型用路徑（刀模路徑）的貼紙或卡片，送印格式僅限於 Illustrator 格式，因為要將刀模路徑與設計分開存在不同圖層，因此無法用 PDF 送印。送印可能的格式，建議先確認印刷廠的完稿須知後才開始製作。就結論來看，目前若能理解 PDF 送印與 Illustrator 送印，即可印製大部分的印刷品。

PDF 送印的優點是穩定性。轉換為 PDF 格式時會**嵌入字型與圖像**，可防止忘記文字忘記外框化或亂碼、置入影像的連結失效等常見的輸出問題。此外，可在維持影像品質的情況下將檔案大小**輕量化**，因此也適合網路送印。綜合以上優點，雖然有少部分印刷廠為了後續修改方便而要求使用 InDesign 送印，大部分還是推薦用 PDF 送印。

各有所長的印刷廠類型

雖然統稱為「印刷廠」，但是採取的印刷方式、機器設備及紙張等媒材的種類、擅長的印刷種類，也會隨主要客群而有極大差異。處理商業刊物及企業商品包裝等品項的**一般印刷廠**，擅長技術支援及大量高品質印刷；近年普及率驚人的**合版印刷**[3]，長處在於費用透明、送印輕鬆；有些印刷廠還提供**不需製版的小量數位印刷**服務，可支援 RGB 送印、也能支援印同人誌等，各自具備不同的特長[4]。

其他還有專門處理商品類的印刷廠、專營孔版快印（Risograph，使用數位孔版印刷機來印刷）及活版印刷等特殊印刷的印刷廠等，甚至也有將製作物與技術特殊化的印刷廠。建議根據目的及預算來挑選。

★ 1. 本書中，是指用 Adobe 軟體轉存的 PDF 檔案。其他的軟體也可轉存 PDF 檔，但是種類繁多，是否能夠用作完稿檔案，會隨印刷廠而改變。

★ 2. 本書中，以 PDF 格式的檔案送印稱為「PDF 送印」，以原生格式的檔案送印則稱為「原生檔送印」。

★ 3. 透過網路受理印刷訂單，以合板的方式印刷，並且用宅配交件的印刷服務。

★ 4. 接受小量數位印刷訂單的印刷廠，大多要求以「完全檔案」送印。所謂的完全檔案，是指在印刷廠能直接輸出的完稿檔案。若沒有完全檔案，必須由使用者修改後再次送印，如此會造成製程延遲，可能無法在預定日期內交貨。因此，要交件給這類印刷廠時，必須評估自身有製作完全檔案的能力（編註：台灣這邊若要印小量印刷品，通常也是找**數位印刷**服務，亦即不開版的印刷方式，但品質與一般印刷廠比起來較不穩定。另外要注意的是，台灣印刷廠的數位印刷服務通常只接收 CMYK 的檔案）。

印刷廠	擅長‧優點	不擅長‧缺點
一般的印刷廠	‧可大量印刷 ‧品質穩定 ‧幾乎是 BtoB（Business –to-Business／企業對企業），因此可取得技術人員的支援	‧必須有一定程度的預算 ‧少量印刷單價會變高
一般合版印刷	‧在網站可估算成本及交貨日期 ‧可少量印刷 ‧透過網路可完成費用確認、下訂、送印、結帳等一連串的作業 ‧不用預約即可送印	‧沒有校色的服務（編註：在台灣送印合版印刷通常沒有提供校色的服務，但有些合版印刷廠若色差太嚴重可申請退換貨） ‧檔案檢查僅限於印刷時最基本的必要項目，因此不會協助檢查 [解析度] 不足、摩爾紋、文字裁切、顏色暗沉等問題 ‧因為是藉由限制用紙尺寸來壓低成本，因此非標準規格的印刷品，其單價會變高 ‧可能無法使用特別色 ‧大多需要按照合版印刷規範的完稿指示 ‧大多不接受 InDesign 檔、文字未外框化的 illustrator 檔
小量數位印刷	‧可少量印刷 ‧大多支援 RGB 送印（但建議使用 CMYK，因為送印 RGB 轉成 CMYK 後會有色偏的問題） ‧有些印刷廠會提供早鳥優惠（提早送印折扣）、再刷折扣等特殊優惠 ‧專印漫畫與同人誌的印刷廠會具備黑白漫畫印刷的經驗和知識 ‧尺寸變更時可協助處理（建議事先詢問） ‧數位／手繪原稿可協助處理（建議事先詢問） ‧可送貨到活動會場或店面（建議事先詢問）	‧沒有校色的服務（有些印刷廠有提供此服務，但需額外付費，且會延遲交貨） ‧大多不接受 InDesign 送印、文字未外框化的 Illustrator 送印

※ 上表彙整的是大概的趨勢，並非所有的印刷廠皆適用。

送印時的必要事項

送印時要準備的，不只是完稿檔案，通常還需要準備輸出範本與完稿檔案指示文件。

輸出範本，是用來讓印刷廠確認完稿檔案的樣子（外觀）。通常是附上用 PostScript 印表機把完稿檔案印出來的書面文件[5.]。透過網路送印時，可用 JPEG 格式的影像或螢幕截圖來取代。此外，也必須考慮到試色的追加費用。另外，如果是 PDF 送印，因檔案本身即具備輸出範本的作用，因此不需要額外準備[6.]。不過，基本油墨 CMYK 要置換成特別色油墨時，為了避免油墨的誤用，建議添加輸出範本[7.]比較保險。

完稿檔案指示文件，是記載了完成尺寸、完稿檔案的檔名、使用的軟體、交貨地址等資訊的文件。此文件通常是由印刷廠提供，請自行索取填寫。網路送印時，在網路填寫送印手續時輸入的資料，也兼具上述作用。

★ 5. 並非作業用檔案，而是將實際的完稿檔案列印出來（編註：台灣俗稱為「數位樣」）。

★ 6. 網路送印的情況。

★ 7. 此時的輸出範本製作方法請參照 P109。

送印方法一覽表

下方表格彙整了目前主要的送印格式及優缺點。有些印刷廠僅受理部分的送印格式，尤其是 InDesign 送印及文字未外框化的 Illustrator 送印[8]，

★ 8. 因為必須與印刷廠的作業環境磨合，基本上是由工作人員居中協調，若非 BtoB 的印刷廠則難以落實。

送印方法	副檔名	軟體	提交檔案		優點	
PDF 送印（X-1a）	.pdf	InDesign Illustrator Photoshop	只有排版檔案		・彙整成一個檔案 ・文字不會變亂碼 ・連結不會失效 ・檔案可輕量化	・輸出品質穩定
PDF 送印（X-4）					・不依賴 OS 及軟體即可閱覽檢視 ・設定「PDF／X」可變成適合印刷的檔案	・支援透明 ・可包含 [RGB 色彩] 的物件
InDesign 送印	.indd	InDesign	將排版檔、連結影像、連結檔案、英文字體等所有資料封裝成一個檔案，請參考 P168		・印刷廠可修改	
文字已外框化的 Illustrator 送印	.ai	Illustrator	連結	排版檔、連結影像、連結檔案	・通用性高 ・文字不會變亂碼 ・印刷廠可調整置入影像的顏色 ・若儲存為「Illustrator 9」以後的版本，即可支援透明	
			嵌入	只會有排版檔案	・通用性高 ・文字不會變亂碼 ・整合成一個檔案 ・若儲存為「Illustrator 9」以後的版本，即可支援透明	
文字未外框化的 Illustrator 送印			排版檔、連結影像、連結檔案、英文字體		・印刷廠可修改 ・若儲存為「Illustrator 9」以後的版本，即可支援透明	
EPS 送印	.eps	Illustrator Photoshop	根據使用的軟體		・從以前就廣泛使用的送印格式，可送印的格式可能會因為機器設備而有所限制	
Photoshop 送印	.psd	Photoshop InDesign Illustrator CLIP STUDIO PAINT	只有影像		・即使是沒有 InDesign 或 Illustrator 的環境，只要有可轉存為 Photoshop 格式的軟體，即可製作完稿檔案 ・影像平面化後不會改變顯示	
RGB 送印	根據使用軟體及檔案格式				・即使是無法用 [色彩模式：CMYK 色彩] 編輯的軟體，也可製作完稿檔案 ・印刷廠若有轉換規範，可取得比自行轉換更完美的成果	

一般合版印刷或是小量數位印刷大多不受理此格式★9。此時可隨機應變，轉存為其他檔案格式送印，例如：原本用 InDesign 送印，可改成用 PDF 送印、Illustrator 送印前要先將文字外框化。

★9. 為了短時間印製大量的印刷品，大多無法使用需依賴製作環境的完稿格式。

缺點		裁切標記	文字的外框化	特別色色票	疊印
·印刷廠不可修改 ·軋型明信片、貼紙、扇子、箱子等需要軋型用路徑的印刷品的送印可能不可使用	·不支援透明 ·有些印刷廠不受理	根據印刷廠指示	不需要 （若有未嵌入的字型則必須外框化）	請務必向印刷廠確認	請務必向印刷廠確認
·檔案數量會變多 ·可能出現亂碼或版型崩壞 ·有連結失效之虞 ·可使用的字型僅限於印刷廠有的 ·可處理的印刷廠有限		不需要	不需要 （若包括印刷廠沒有的字型則需要）	可使用	可使用
·檔案數量會變多 ·有連結失效之虞 ·隨版本而有顯示上的差異		必要	必要	可使用	可使用
·置入圖像的顏色不可由印刷廠調整 ·隨版本而有顯示上的差異		必要		可使用	可使用
·檔案數量會變多 ·可能出現亂碼或版型崩壞 ·有連結失效之虞 ·可使用的字型僅限於印刷廠有的 ·可處理的印刷廠有限		必要	不需要 （若包括印刷廠沒有的字型則需要）	可使用	可使用
·不支援透明		視軟體而定	必要	不可使用	可使用
·[解析度] 低，細節無法清晰表現		不需要	送印前必須影像平面化或圖層合併予以點陣化	請務必向印刷廠確認	操作面板可呈現相同的表現
·各家印刷廠的印製結果會有所差異 ·再刷時顏色可能會改變 ·未色彩描述檔嵌入時，恐會印出非預期的顏色 ·可處理的印刷廠有限		根據檔案格式 （通常以影像居多，此時不需要裁切標記，文字會隨影像平面化而點陣化）		不可使用	不可使用

4-2 利用工作選項轉存 PDF

PDF 送印時，若有印刷廠的設定檔案，使用該檔案來轉存是最簡單確實的作法。只要選取即可完成必要的設定，可防止設定錯誤。

載入印刷廠的設定檔

★ 1. 印刷廠的網站大多會提供 PDF 設定檔（也稱為「預設集」）。

轉存送印用的 PDF 檔案時，若能使用印刷廠的設定檔[1] 既簡單又確實。**設定檔**的功能是將 InDesign 的 [轉存 Adobe PDF] 交談窗、Illustartor 的 [儲存 Adobe PDF] 交談窗的設定儲存成預設值，事先載入後，轉存檔案時只要從預設值中選取即可完成設定，不僅省事，也可防止設定錯誤。

Id

在 InDesign 載入設定檔案

STEP1. 執行『檔案／Adobe PDF 預設集／定義』命令。
STEP2. 在 [Adobe PDF 預設集] 交談窗中按下 [載入] 鈕，在 [載入 PDF 轉存預設集] 交談窗中選擇設定檔案，然後按下 [開啟] 鈕。
STEP3. 在 [Adobe PDF 預設集] 交談窗中按下 [完成] 鈕。

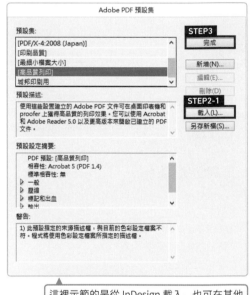

PDF 設定檔（預設集）

設定檔讀入後就不需要了，即使刪除或變更儲存位置也沒關係。

這裡示範的是從 InDesign 載入，也可在其他軟體載入。Illustrator 及 Photoshop，若執行『編輯／Adobe PDF 預設集』命令，也可開啟相同的交談窗。

KEYWORD

設定檔

Joboption

別名：Adobe PDF 預設集

可將轉存 PDF 的設定儲存成預設值的檔案，副檔名為「.joboptions」。從印刷廠取得後載入，可讓轉存更順利。Adobe 軟體可共用，但也有印刷廠會替各套軟體準備各自的設定檔。

使用設定檔來轉存 PDF

轉存 PDF 時，可從交談窗中選取設定檔。選定設定檔的當下，即可完成必要的設定。

在 InDesign 使用設定檔來轉存 PDF 檔

STEP1. 執行『檔案／轉存』命令[*2]，選取 [存檔類型：Adobe PDF (列印)] 後設定存檔位置與檔名[*3]，然後按下 [存檔] 鈕。

STEP2. 在 [轉存 Adobe PDF] 交談窗的 [Adobe PDF 預設] 欄位中選取設定檔，然後按 [轉存] 鈕。

★ 2. 轉存書冊時，請從 [書冊] 面板的選單執行『將「書冊」轉存為 PDF』命令。

★ 3. 檔名中建議包含品名、尺寸、起始頁等資訊，較容易辨識內容。完稿檔案上傳時受限於伺服器，檔名最好是半形英數字約 15 字以下。另外，以下這類文字也不可使用於檔名：\/-$:,'; *?"<>|`[]=+. 空白等字符。

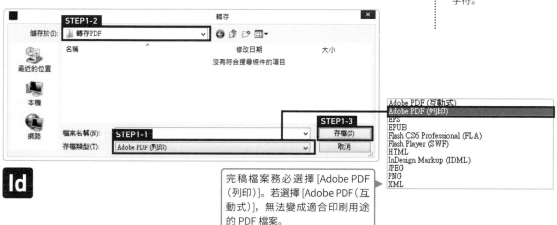

完稿檔案務必選擇 [Adobe PDF (列印)]。若選擇 [Adobe PDF (互動式)]，無法變成適合印刷用途的 PDF 檔案。

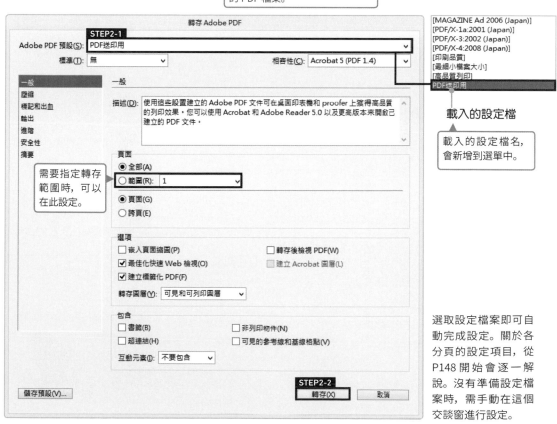

需要指定轉存範圍時，可以在此設定。

載入的設定檔

載入的設定檔名，會新增到選單中。

選取設定檔案即可自動完成設定。關於各分頁的設定項目，從 P148 開始會逐一解說。沒有準備設定檔案時，需手動在這個交談窗進行設定。

在 Illustrator 使用設定檔來轉存 PDF 檔

STEP1. 執行『檔案／儲存拷貝』命令[4]，選取 [存檔類型：Adobe PDF(*.pdf)] 後設定存檔位置與檔名，然後按下 [存檔] 鈕。

STEP2. 在 [儲存 Adobe PDF] 交談窗的 [Adobe PDF 預設] 中選取設定檔，然後按下儲存 PDF] 鈕。

★ 4. 從 Illustrator 轉存 PDF 時，建議執行『儲存拷貝』命令。若執行『另存新檔』命令，現在開啟中的檔案會變成轉存後的 PDF 檔，將原本的 Illustrator 檔案以最後儲存的狀態關閉。關於 [另存新檔] 與 [儲存拷貝] 的差異，請參照 P148。

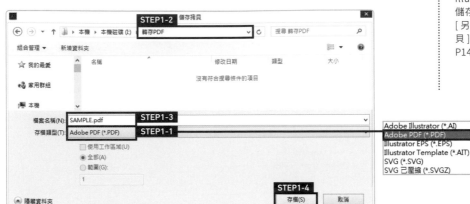

設定檔可以讓 Adobe 軟體共用，例如在 InDesign 讀入的設定檔案，在 Illustrator 也可使用。只不過根據印刷廠的不同，也有不同軟體各自備有設定檔，請仔細確認對應的軟體。

在 Photoshop 使用設定檔來轉存 PDF 檔

STEP1. 執行『圖層／影像平面化』命令，把影像平面化。

STEP2. 執行『檔案／另存新檔』命令*⁵，選取 [存檔類型：Photoshop PDF] 後設定位置與 [名稱]，然後按下 [存檔] 鈕。

STEP3. 在 [儲存 Adobe PDF] 交談窗的 [Adobe PDF 預設] 中選取設定檔，然後按下 儲存 PDF] 鈕。

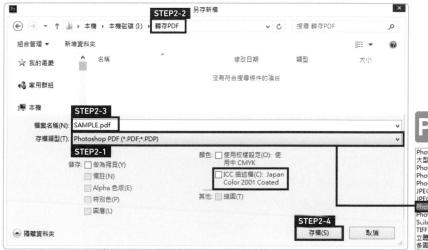

[色彩模式：CMYK 色彩] 的完稿檔案，[ICC 描述檔] 的勾選與否會隨印刷廠的指定而改變。

★ 5. Photoshop 在轉存 PDF 之前，建議先將影像平面化。若將影像平面化，雖然無法修改內容，但是執行『另存新檔』命令時，顯示中的檔案會置換成轉存的檔案，然後關閉原本的檔案，因此可保留儲存前的狀態。但是，若不小心執行『儲存檔案』命令，恐怕會以合併後的狀態誤存。以防萬一，建議先備份再進行轉存 PDF 的作業。

與 其 他 Adobe 軟 體顯示相同的內容，但 Photoshop 也可能遇到無法共用的情況。

4-3 在交談窗手動設定後轉存為 PDF 檔

沒有準備設定檔案時，可手動設定 PDF 轉存選項。印刷廠的完稿須知如果有記載具體的步驟，可以此為基準製成預設集，下次即可順暢地進行作業。

關於 [轉存 Adobe PDF] 交談窗

Adobe 軟體，轉存 PDF 時的設定是在 [轉存 Adobe PDF] 交談窗[1] 中進行。P144 使用的設定檔案，正是把此交談窗的設定儲存為預設集的檔案。每個軟體的內容雖然有些許差異，但是基本項目是共通的，因此確實理解設定的意義即可應用。解說是以 InDesign 為主，再輔以記載 Illustrator 及 Photoshop 的資訊。

在交談窗的左側可切換分頁。

重要的分頁，包括指定轉存範圍與整體設定的 [一般]、決定置入影像的縮減取樣及壓縮方針的 [壓縮]、指定裁切標記的 [標記和出血]、設定色彩描述檔的 [輸出]、字體嵌入及透明度相關設定的 [進階]。

[另存新檔] 與 [儲存拷貝] 的差異

在 InDesign 執行『檔案／轉存』命令[2]，存檔類型選擇 [Adobe PDF（列印）]，即可顯示 [轉存 Adobe PDF] 交談窗。可用『轉存』命令儲存 PDF 檔案的僅限於 InDesign，Illustrator 是執行『**另存新檔**』或『**儲存拷貝**』命令，Photoshop 則是執行『**另存新檔**』命令[3]。

『另存新檔』與『儲存拷貝』的差異，在於操作時畫面顯示的檔案，是否會置換為已儲存的檔案。會置換的是執行『另存新檔』命令，操作時顯示的檔案，會以最後儲存的狀態被關閉。若已經確實存檔，執行『另存新檔』命令大致上沒有問題，但若沒有存檔，操作時顯示中的檔案不會存檔。若執行『儲存拷貝』命令，不會改變顯示中的檔案，而是將其複製一份後存檔，因此可避免修改未存檔的狀況。

★ 1. Illustrator 及 Photoshop，會顯示 [儲存 Adobe PDF] 交談窗。

★ 2. Illustrator 及 Photoshop 中的『轉存』命令，是用來轉存為點陣圖。

★ 3. 若要在 Photoshop 中執行 [儲存拷貝]，需在執行『另存新檔』命令後開啟的交談窗中勾選 [做為拷貝] 項目。

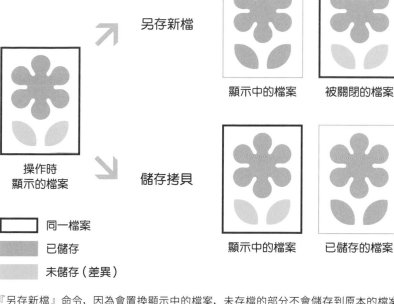

另存新檔

顯示中的檔案　　　被關閉的檔案

操作時
顯示的檔案

儲存拷貝

顯示中的檔案　　　已儲存的檔案

☐ 同一檔案
■ 已儲存
■ 未儲存（差異）

『另存新檔』命令，因為會置換顯示中的檔案，未存檔的部分不會儲存到原本的檔案中。『儲存拷貝』命令不會置換顯示中的檔案，原本的檔案與新儲存的檔案之間較難發生檔案內容差異（如果直接覆蓋顯示中的檔案，會變成與已儲存檔案相同的狀態）。

關於 PDF 的規格與版本

[轉存 Adobe PDF] 交談窗的最佳設定隨印刷廠而有所差異，通常完稿須知會有具體的設定步驟指定，因此幾乎不須使用者自行決定，但是若能理解設定的用意，在轉存 PDF 檔案時，即可預想轉換後的處理結果。

完稿須知首先會從 [Adobe PDF 預設] 開始設定，且多數會要求選擇使用到「PDF/X」的 [PDF/X-1a:2001(Japan)] 及 [PDF/X-4:2008(Japan)]。選好後，交談窗的項目也一併隨之設定。

[標準] 中顯示的 [PDF/X-1a:2001(Japan)]、[PDF/X-4:2010] 等選項中的「PDF/X」，是指**印刷用途最適化的規格**。若選擇這些選項，會將使用油墨限制在最適合印刷用途[4]、將字體及置入影像嵌入，避免發生文字裁切或連結失效等問題、指定完成範圍與裁切位置等，變成滿足完稿檔案基本條件的 PDF 檔案。

「PDF/X」中，還細分為「X-1a」、「X-4」等規格。目前選單可選擇的有「X-1a」、「X-3」[5]、「X-4」這 3 種。「**X-4**」是比較新的規格，具有**支援透明**[6] 這項優點，但印刷廠可能不支援此格式。

★ 4. 「X-1」會 限 制 在 [CMYK 色彩]、[灰階]、特別色，從「X-3」開始也可 使 用 [RGB 色 彩]、[Lab 色彩]。

★ 5. 「X-3」常用於日本雜誌廣告的 PDF 檔案「J-PDF」。規格及檔案的製作方法，請參照「雜誌デジ送ナビ」的網站（https://www.3djma.jp/)。

★ 6. 「X 4」支 援 透明, 本身與作為基準的 PDF 版本都是支援透明的格式。[PDF/X-3:2003] 規格中，作為基準的是支援透明的 PDF 版本 1.4，但 因 為「X-3」不 支 援 透明，最終仍不支援透明。

[相容性] 顯示的是作為基準的 **PDF 版本**。[Acrobat4 (PDF1.3)]、[Acrobat5 (PDF1.4)] 等標示,括弧內的部分是 PDF 的版本。留意此部分,即可判斷是否**支援透明**。現在可選擇的 PDF 版本,有 1.3╱1.4╱1.5╱1.6╱1.7 這 5 種,支援透明的是 **1.4 以後**的版本。1.5 以後,還可保留圖層。

PDF 的版本與規格有關,[標準] 若選擇 [X-1a] 或 [X-3],[相容性] 會自動設定為 [Acrobat4 (PDF1.3)] ★ 7.,「X-4」則會自動設定為 [Acrobat5 (PDF1.4)] 或 [Acrobat7 (PDF1.6)] ★ 8.。另外,若選擇 [標準:無],PDF 的版本選擇限制會消失,變成沒有依據「PDF/X」的 PDF 檔案,因此不保證適合印刷用途。

	PDF 1.3	PDF 1.4	PDF 1.5	PDF 1.6	PDF 1.7
透明	✕	○	○	○	○
圖層	✕	✕	○	○	○
JPEG2000	✕	✕	○	○	○

※ ○:會保留或是可使用、✕:不會保留。

在 [一般] 分頁設定轉存頁面

交談窗預設顯示的,是 [一般] 分頁。在 InDesign,主要是用來**指定轉存範圍**。**[頁面]** 區的設定,要轉存所有頁面時選擇 [全部],要部份轉存時則在 **[範圍]** 輸入**頁碼** ★ 9.。比照 [2-3] 般使用「-(連字號)」可指定連續頁面,比照 [2-3,7-10] 般使用「,(逗號)」則可指定不同頁面的多個範圍。

完稿檔案必須全部用單頁製作,因此請在 [頁面] 區確認選擇的是 **[頁面]**。若選擇 [跨頁] ★ 10.,會以對頁為單位轉存,印刷廠無法落版。

用作完稿檔案時,[選項] 區與 [讀入] 區的選項不需要勾選。關於 [轉存圖層] 列示窗,預設的 [可見和可列印圖層] 是最適當的設定,若選擇 [所有圖層] 或 [可見圖層],會將隱藏的圖層或無法列印的圖層也包含在完稿檔案中。

Illustrator 及 Photoshop 的 [一般] 分頁,顯示的是勾選項目。用作完稿檔案時,基本上建議全部取消。若勾選 **[保留 Illustrator 編輯功能]** ★ 11.,存檔時會包含 Illustrator 的檔案,但因為完稿檔案不需要再編輯,因此取消即可。不包含原生檔案,好處是能夠減輕檔案大小。[保留 Photoshop 編輯功能] 也是一樣的道理。

★ 7. 以 [P D F/X-3:2003] 為基準的是 PDF1.4,但是 Adobe 軟體中是顯示 PDF1.3。

★ 8. 使用了「X-4」的描述檔有 [PDF/X-4:2008] 與其修訂版 [PDF/X-4:2010](CS5.5 以後) 這 2 種。各自作為基準的 PDF 版本有所差異。

★ 9. 頁碼有從文件第一頁開始連續編號的「絕對頁碼」,及依章節編號的「章節頁碼」這 2 種。[頁面] 面板的顯示會受到偏好設定的影響,執行『編輯╱偏好設定─一般』命令,在 [頁碼] 區設定 [檢視:絕對頁碼] 會變成絕對頁碼,設定 [章節頁碼] 則變成章節頁碼。偏好設定中設定 [章節頁碼] 時,轉存時的 [範圍] 頁碼必須輸入章節編號,若加入 + (加號),也可指定絕對頁碼。

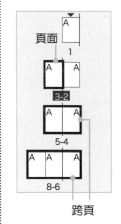

★ 10.「跨頁」,有時也會標示為「對頁」。

★ 11. 可設定的僅限於 [標準:無] 的情況。

KEYWORD

PDF/X
Portable Document
Format eXchange

基於國際標準化機構（ISO）而制定，藉由限制部分 PDF 功能使其印刷用途最佳化的 PDF 規格。標準規格化為 ISO15930。「X-4」可支援透明。

在［壓縮］分頁設定壓縮方針

　　[壓縮] 分頁，是用來進行置入影像的縮減取樣、置入影像及文字、線條圖的壓縮等設定。[PDF/X-4：2008] 的預設是 [環迴增值法縮減取樣]、[壓縮：自動（JPEG）]，但因為完稿檔案追求高品質，因此印刷廠大多建議設定為 [**不要縮減取樣**]★ 12.、[**壓縮：ZIP**]。

　　縮減取樣，是藉由減少影像的像素數量使其輕量化的處理。若設定 [不重新取樣] 以外的選項，比 [超過下個解析度時]★ 13. 的設定還高的 [解析度] 圖像，會變成重新取樣的對象。之所以建議 [壓縮：ZIP]，是因為**非破壞性壓縮**方式不會讓影像品質變差★ 14.。

環迴增值法	參照周圍的 4×4 像素 (16 畫素) 計算取樣值。名稱取自於計算時使用的三次函數 (cubic equation)。可平滑表現照片的色階及漸層。
縱橫增值法	會參照周圍的 2×2 像素 (4 畫素) 計算取樣值。其處理速度會比環迴增值法快。
最接近像素	用最接近像素的資訊內插補點。好處是不會出現影像中沒有的顏色，缺點則是解析度低會喪失細節。

※ 影像內插補點方式的列表。第三個方法，在 P59 的 [影像解析度] 交談窗的選項有出現過。Photoshop 的 [偏好設定] 交談窗 [一般] 頁次的 [影像內插補點] 也有這些選項。

ZIP 壓縮	非破壞性壓縮方式。用於具備單色填色部分的影像，以及使用重複圖樣的黑白影像尤其有效。
JPEG 壓縮	破壞性壓縮方式。可大幅減輕檔案大小，但是影像品質會變差。即使設定低壓縮比例及最高影像品質，[顏色值] 稍微改變就會出現原本沒有的顏色，因此不適合印刷用途。壓縮比例高會出現所謂「摩爾紋」的模糊雜訊。JPEG 是「Joint Photographic Experts Group」的縮寫。
CCITT 壓縮	黑白影像的非破壞性壓縮方式。為了利用 FAX 等電話線傳送黑白影像所開發出來的通訊協定。除了黑白影像，也很適合用於 1bit 色彩深度掃描的影像。包括多數傳真機使用的「Group3」，以及通用型的「Group4」。CCITT 是「Consultative Committee on International Telegraphy and Telephony」的縮寫。
RLE 壓縮	黑白影像的非破壞性壓縮方式。常用於黑白傳真。具有大範圍的黑或白色部分的影像很有效果。RLE 是「Run Length Encoding」的縮寫。也稱為「遊程壓縮」、「行程長度壓縮」。
LZW 壓縮	非破壞性壓縮方式。最適合用於相同圖樣反覆運用的檔案。LZW，是取自開發者的首字母。

※ 壓縮方式的列表。LZW 壓縮，在儲存為 TIFF 格式時的 [影像壓縮] 選項會出現。

　　若勾選交談窗下方的 [**壓縮文字和線條圖**]，可幾乎不降低細節及精細度地壓縮文字及線條圖★ 15.。InDesign 的 [**裁切影像資料以符合框架**]，是用來降低檔案大小的處理，若勾選起來，只會轉存影像框架內顯示的部分。是否勾選會隨印刷廠改變，無論是哪一種設定，都不會造成重大的問題。

★ 12. 以影像置入 QR Code 及條碼時，請設定 [不要縮減取樣]。[色彩模式] 為 [CMYK 色彩] 或 [灰階] 的影像若縮減取樣，白色與黑色的邊界會用灰色的像素內插補點，使得影像變模糊，同時也是摩爾紋的發生原因。若是 [點陣圖] 的影像，雖然設定縮減取樣也不會產生灰色的像素，但若是要求正確性的條碼，還是設定 [不要縮減取樣]。

★ 13. [若影像解析度高於] 會變成縮減取樣的門檻值。建議設定為 [解析度] 的 1.5 倍。

★ 14. 雖然也可用作完稿檔案，但若是校對用的檢視檔案，檔案太大會很難處理。此時請用適當的重新取樣轉存。轉存完稿檔案時，別忘了確認設定選項。

★ 15. 線條圖，是由 [填色] 及 [筆畫] 構成的物件。具體而言是指路徑。因為是 ZIP 壓縮所以影像品質不會變差。

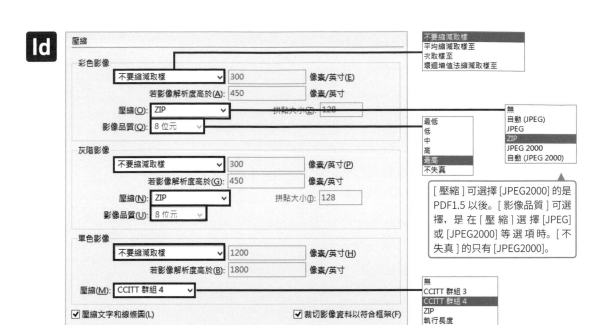

[壓縮] 可選擇 [JPEG2000] 的是
PDF1.5 以後。[影像品質] 可選
擇，是 在 [壓 縮] 選 擇 [JPEG]
或 [JPEG2000] 等 選 項 時。[不
失真] 的只有 [JPEG2000]。

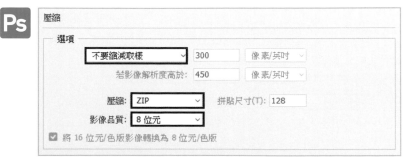

KEYWORD

縮減取樣

重新取樣的一種，會減少影像的像素。[解析度] 會降低，可降低檔案大小。像素
減少時若施加內插補點，影像可能會變模糊。

153

在 [標記和出血] 分頁新增裁切標記

相關內容｜轉存 PDF 時新增裁切標記 P40

[標記與出血] 分頁[16].，可設定**標記的樣式、出血的範圍**。「PDF/X」預設是沒有添加任何標記。標記的有無、最佳設定會隨印刷廠而改變，請確認完稿須知。此交談窗可添加的標記樣式，請參照 P40 的解說。

印刷用途的完稿檔案，大多需要設定出血[17.]。可勾選 **[使用文件出血設定]**[18.]，或是在 **[出血]** 輸入出血的範圍。

InDesign 若勾選 **[包含印刷邊界區域]**，超過出血的部分也可轉存。要將出血外側包含的摺線標記或指示等重要物件包含在 PDF 內時，即可善用此項目[19.]。[印刷邊界]，在新增文件時的 [新增文件] 交談窗中可設定，文件建立後，執行『檔案／文件設定』命令開啟 [文件設定] 交談窗也可設定。預設是 [0 公釐]，若全部設定為 [40 公釐]，會將完成尺寸往外擴展 40 公釐的範圍，設定為 [印刷邊界區域]。

★ 16. Photoshop 沒有這個分頁，因此無法添加裁切標記。

★ 17. 報紙廣告及雜誌廣告，可不需要出血。

★ 18.「使用文件出血設定」，InDesign 與 Illustrator 指的都是 [文件設定] 交談窗的 [出血] 設定。

★ 19. 添加裁切標記後轉存時，轉存範圍會擴展到裁切標記的部分，即使沒有設定 [印刷邊界區域] 也會一起轉存。

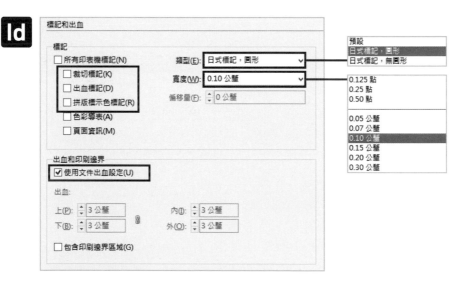

若勾選 [使用文件出血設定] 卻設定為 [0 公釐] 時，請取消並自行輸入數值。這個現象，是因為新增文件時設定了 [出血：0 公釐]。

在 [輸出] 分頁設定色彩空間

[輸出] 分頁，可設定顏色轉換的方針、使用的色彩描述檔。此分頁的設定，通常是遵循印刷廠的指示。上段的 [顏色] 區的預設值，會隨 [標準] 的設定而改變。「X-3」開始能夠包含 [RGB 色彩] 的物件，因此預設值變成 [無色彩轉換]。

標準	色彩轉換	目的地
X-1a：2001 X-1a：2003	轉換為目的地的設定 (維持顏色值)	文件 CMYK 使用中 CMYK
X-3：2002 X-3：2003	無色彩轉換	—
X-4：2010	無色彩轉換	—

下段 [PDF/X] 區的 **[輸出色彩比對方式設定檔名稱]** [20]，會成為「PDF/X」的基準，因此必須設定。通常是與 [目的地] 相同，或者選擇 [Japan Color 2001 Coated] 等印刷業界標準的色彩描述檔 [21]。

★ 20. [標準] 設定為「PDF/X」相關選項時可進行的設定。[RGB 色彩] 的物件，會以此色彩描述檔為基準轉換為 [CMYK 色彩]。

★ 21. 此設定會決定最終的印刷結果。國內用的完稿檔案，設定為 [Japan Color 2001 Coated] 或以此為基準即可。[使用中 CMYK] 是指 [色彩設定] 交談窗的 [使用中色域] (Illustrator 為 [工作空間])，[文件 CMYK] 是指檔案的色彩描述檔，一般的使用範圍是設定為 [Japan Color 2001 Coated]。

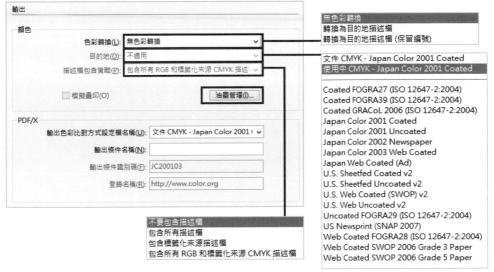

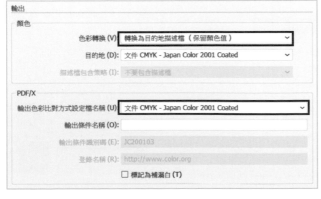

輸出

顏色

色彩轉換：無轉換

目的地：不適用

描述檔包含策略：包含目的地描述檔

PDF/X

輸出色彩比對方式描述檔名稱：不適用

輸出條件：

輸出條件識別碼：JC200103

登錄名稱：http://www.color.org

★22. 轉換是在 PDF 轉存時才會進行，因此即使勾選此項目，轉存前的原始檔案的特別色色票仍會保留。在製作單純檢視用、不含特別色色票的 PDF 檔案時很好用。

★23. 在 [色票設定] 交談窗變更為 [色彩模式：CMYK] 後，再設定 [色彩類型：印刷色]，即可變更為印刷色色票。

★24. 設定為 [標準：無]，然後在 [輸出] 區選擇 [轉換為目的地描述檔] 或 [轉換為目的地描述檔(保留編號)] 時可選擇。

InDesign 若按下 [顏色] 區內的 [油墨管理] 鈕，可開啟 **[油墨管理] 交談窗**，可總覽檔案使用的油墨。透過此交談窗可勾選使用的特別色油墨，或是將誤用的特別色油墨整合到原本的特別色油墨。

若勾選 **[將所有特別色轉換為印刷色]**，用特別色色票指定的顏色會自動轉換為基本油墨 CMYK[22]。不過，因為無法分別設定 CMYK 的 [顏色值]，因此可能會出現非預期的顏色及分版結果。要處理不小心混入的特別色色票時，建議不要使用此功能，而是在使用中的檔案將特別色色票變更為印刷色色票[23]，然後手動調整 [顏色值]。另外，因為顏色相似而誤用的情況，可先點選該特別色油墨，然後下拉 **[油墨別名]** 列示窗選取原本的特別色油墨即可替換。

[顏色] 區內的 [模擬疊印][24]，也是與特別色色票轉換相關的設定。若勾選起來，並非進行與疊印相關的設定，而是將特別色色票指定的顏色轉換為基本油墨 CMYK。印刷用途通常是不勾選。

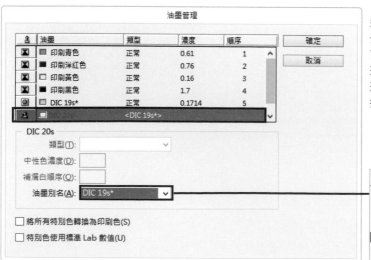

這個交談窗，按下 InDesign [輸出] 分頁 [顏色] 區內的 [油墨管理] 鈕即可開啟（請參照上一頁的截圖）。點選油墨後，下拉 [油墨別名] 列示窗選取原本的油墨即可置換。油墨會置換的只有已轉存的 PDF 檔案。

在 [進階] 分頁進行字體與透明度相關設定
相關內容｜透明度平面化引發的問題 P82

★ 25. Photoshop 沒有 [進階] 分頁。

★ 26. 也稱為內嵌。

★ 27. [透明度平面化] 區的 [預設] 項目 Illustrator 與 InDesign 都是執行『編輯／透明度平面化預設集』命令，即可在開啟的交談窗中編輯。Illustrator 也可在 [平面化工具預視] 面板中編輯。

[進階] 分頁[25.]，可用來設定字體的嵌入[26.]，以及透明度平面化的預設值。[字體] 區的 [**嵌入字體要合併成子集時，所使用的字元百分比應低於**]，通常維持預設的 [**100%**] 即可，不需要變更。

[**透明度平面化**] 區，只有在設定為不支援透明的 PDF 版本 [相容性：**Acrobat4 (PDF1.3)**] 時可以設定。印刷用途追求高品質，因此設定為 [**預設：[高解析度]**][27.]。

在 InDesign，能夠以跨頁為單位來設定 [透明度平面化預設]。若勾選 [忽略跨頁平面化設定]，會忽略跨頁中設定的 [透明度平面化預設]，使用 [轉存 Adobe PDF] 交談窗的設定。為了讓跨頁也可套用設定，建議先勾選起來。

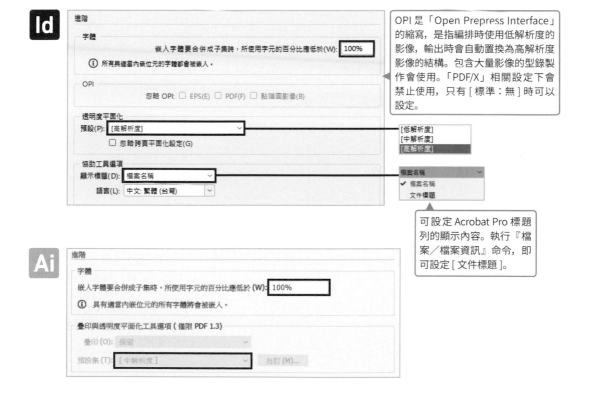

OPI 是「Open Prepress Interface」的縮寫，是指編排時使用低解析度的影像，輸出時會自動置換為高解析度影像的結構。包含大量影像的型錄製作會使用。「PDF/X」相關設定下會禁止使用，只有 [標準：無] 時可以設定。

可設定 Acrobat Pro 標題列的顯示內容。執行『檔案／檔案資訊』命令，即可設定 [文件標題]。

KEYWORD
子集字體

從字體包含的所有文字中，僅擷取檔案內有用到的文字。將字體精簡化，藉此節省檔案大小、縮短輸出時間。相較於 26 個英文字母、記號、數字相加只要 1Byte 的英文字型，光是 JIS 規格就有將近 9,000 字，再加上 Unicode 就超過 20,000 字的日文字型，若不精簡化會無法內嵌。相反詞是「全套字體」。

在 [安全性] 分頁不進行任何設定

關於 [安全性] 分頁，完全不需要設定★ 28.。若設定，輸出設備可能會無法正常處理。

★ 28. 「PDF/X」禁止密碼化等保全資訊，因此 [標準] 選擇「PDF/X」相關選項時會無法設定，選擇 [無] 才可以設定，這點請留意。相當於 Illustrator 的 [保 全] 分頁。

Id

安全性

加密等級: 高 (128-bit AES) - 相容於 Acrobat 7 和以上版本

文件開啟密碼

☐ 要求密碼來開啟文件(Q)

文件開啟密碼(D): _____

權限

☐ 使用密碼限制文件的列印、編輯和其他工作(U)

權限密碼(E): _____

ⓘ 若要在 PDF 編輯應用程式中開啟此文件，便需要輸入此密碼。

允許列印(N): 高解析度 ▾

允許變更(A): 所有，但不包括擷取頁面 ▾

☑ 啟用拷貝文字、影像和其他內容(Y)

☑ 為視力不佳者啟用螢幕閱讀程式裝置的文字協助工具(P)

☑ 啟用純文字中繼資料(M)

Ai

保全

加密等級 高 (128 位元 RC4) - Acrobat 5 和更新的版本

☐ 要求密碼來開啟文件 (Q)

文件開啟密碼 (D): _____

ⓘ 設定後，需要此密碼來開啟文件。

☐ 使用密碼限制編輯保全與權限設定 (U)

權限密碼 (W): _____

ⓘ 需要此密碼才能使用 PDF 編輯應用程式來開啟文件。

Acrobat 權限

允許列印 (E): 高解析度 ▾

允許變更 (G): 所有，但不包括擷取頁面 ▾

☑ 啟用拷貝文字、影像和其它內容 (Y)

☑ 為視力不佳者啟用螢幕閱讀程式裝置的文字協助工具 (V)

☐ 啟用純文字元資料 (M)

Ps

安全性

加密等級: 高 (128 位元 RC4) - 與 Acrobat 5 和更新版本相容

文件開啟密碼

☐ 要求密碼來開啟文件

文件開啟密碼(D): _____

權限

☐ 使用密碼限制文件的列印和編輯及其他工作

權限密碼(E): _____

ⓘ 需要此密碼才能使用 PDF 編輯應用程式來開啟文件。

允許列印: 無 ▾

允許變更: 無 ▾

☐ 啟用拷貝文字、影像和其它內容

☐ 為視力不佳者啟用螢幕閱讀程式裝置的文字協助工具

☐ 啟用純文字中繼資料

將設定儲存預設後轉存為 PDF 檔

轉存 PDF 時的一連串設定可以儲存為預設值。若印刷廠未提供設定檔案，卻有提供交談窗設定畫面時，比照設定後儲存為預設值，之後即可省去設定步驟。按下 **[儲存預設]** 鈕，可在交談窗中設定名稱。已儲存的預設值，下此開啟 [轉存 Adobe PDF] 交談窗時，即可透過 **[Adobe PDF 預設]** 列示窗選取★ 29.。

若按下交談窗的 **[轉存] 鈕**★ 30.，即可轉存為 PDF 檔案。

★ 29. 已儲存的預設值，也會反映在其他 Adobe 軟體的交談窗。

★ 30. Illustrator 及 Photoshop 是按下 [儲存 PDF] 鈕。

Id

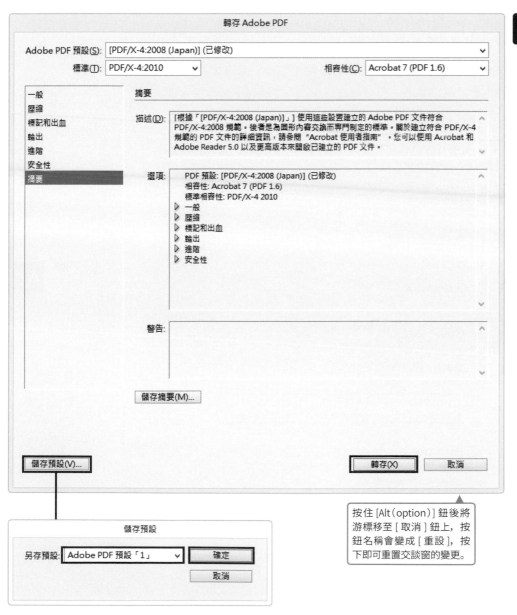

按住 [Alt（option）] 鈕後將游標移至 [取消] 鈕上，按鈕名稱會變成 [重設]，按下即可重置交談窗的變更。

4-4　用 Acrobat Pro 檢視 PDF 檔

用 Acrobat Pro 打開轉存的 PDF 檔，不只能夠瀏覽視覺外觀，還可檢視尺寸、內嵌字體、使用的油墨等樣式及內部構造。除此之外，還可預檢使用的預設值。

用 Acrobat Pro 檢視 PDF 檔

準備當作完稿送印檔案所轉存的 PDF 檔，用 **Acrobat Pro** [1] 開啟可仔細確認視覺外觀。PDF 檔的視覺外觀，不一定會跟轉存前的原始 InDesign 檔或 Illustrator 檔完全相同。轉換過程或程式錯誤，都可能導致版面走樣。重新轉存或許可以修復，但若徹底走樣，可能還是得修改原始檔才得以修正。

Acrobet Pro 的偏好設定，預設是不使用疊印預覽。請執行『編輯／偏好設定』命令開啟 [偏好設定] 交談窗，在 [頁面顯示] 分頁變更為 [**使用疊印預覽：總是**]。除此之外，為了正確顯示輸出結果，[**渲染**] 區的 [**線條圖修邊**]、[**影像修邊**]、[**使用本地字型**]、[**增強細線**]、[**使用頁面快取**] 項目也請全部**取消** [2]。

★ 1. 只 有 Acrobat Pro 可利用油墨總量的檢視與預覽功能。本書中解說使用的，是 Acrobat Pro DC，也可能會有其他 Acrobat 無法使用的功能。

★ 2. 這些設定終究只是支援螢幕顯示，因此若是完稿檔案，可能會造成檢視上的干擾。

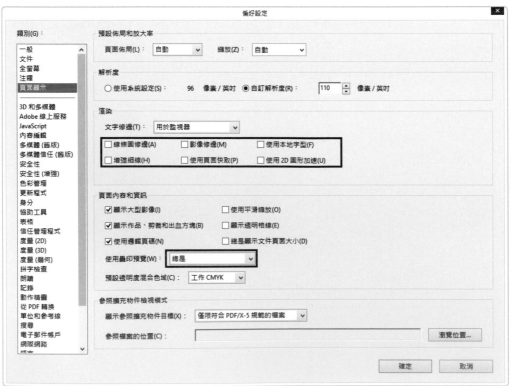

調查 PDF 檔的格式

Acrobat Pro，具備調查 PDF 檔格式、檢查印刷適宜性的功能，也就是 [文件內容] 交談窗與 [列印作品] 選單。用 Acrobat Pro 開啟 PDF 檔案後，執行『檔案／內容』命令可開啟 **[文件內容] 交談窗**。這個交談窗，可調查 PDF 檔的格式。

一開始顯示的是 [描述] 分頁，可調查 [PDF 版本] 與 [頁面大小]★ 3.。[字型] 分頁，會顯示使用的字型，可逐一確認字體是「內嵌的子集」或「已嵌入」。

★ 3. 在此可確認的，只有未添加印表機標記而跳出警告訊息的 PDF 檔。有出血時，[頁面大小] 應該是完成尺寸再加上 6 公釐的數值（出血範圍＝3 公釐的情況）。

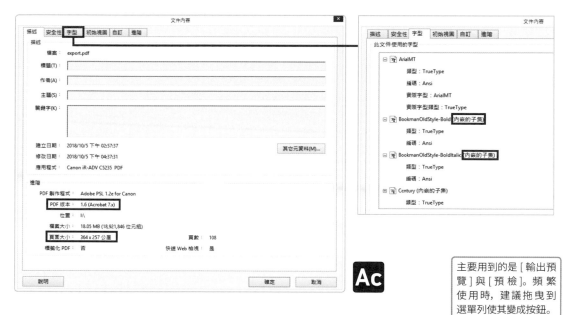

活用 [列印作品] 工具

[列印作品] 工具選單，收納在不太容易點選的位置。請先按下 [工具] 標籤顯示所有的工具鈕，接著往下捲動視窗，點按 [列印作品] 工具的 [新增] 鈕，將其加入視窗右側的工具列中，點按即可切換至對應的選單。

主要用到的是 [輸出預覽] 與 [預檢]。頻繁使用時，建議拖曳到選單列使其變成按鈕。

按一下打開或關閉選單

新增的捷徑

按下 [列印作品] 工具下的 [新增] 鈕，執行『新增捷徑』命令，也可加到右側工具列，之後也可透過『檢視／工具』命令來選擇。

用 [輸出預覽] 檢視油墨

`相關內容｜調查油墨總量 P98`

[列印作品] 工具的 [輸出預覽] 交談窗，可像 InDesign 的 [分色預視] 面板般確認版的狀態[★4]，還可以調查**油墨總量**，以及 **[RGB 色彩] 物件的混入**[★5]。除此之外，也可檢視影像及文字等屬性別。

★ 4. 在 選 擇 [顯示：全部] 的狀態下，可在 [分色] 區的油墨名稱旁的方格切換開啟或關閉，分別檢視每個版的狀態。

★ 5. 若選擇 [顯示：RGB]，可辨識是否有使用 [RGB 色彩] 的物件及其所在位置。未顯示任何物件時(全白)，表示不包含這種物件。

全部	顯示所有的物件。預設是設定為此項目。
DeviceCMYK	顯示用 [CMYK 色彩] 表現的物件。
非 DeviceCMYK	顯示不是用 [CMYK 色彩] 表現的物件。可搜尋用 [RGB 色彩]、[灰階]、特別色色票表現的物件。
特別色	顯示用特別色色票表現的物件。
DeviceCMYK 與特別色	顯示用 [CMYK 色彩] 與特別色色票表現的物件。
不是 DeviceCMYK 或特別色	顯示不是用 [CMYK 色彩] 與特別色色票表現的物件。可搜尋用 [RGB 色彩] 與 [灰階] 表現的物件。
RGB	顯示用 [RGB 色彩] 與特別色色票表現的物件。
灰階	顯示用 [灰階] 與特別色色票表現的物件。
影像	顯示點陣圖像。
實色	顯示 [填色] 有設定顏色的物件。
文字	顯示文字。不包含外框化的文字。
線條圖	顯示用 [填色] 及 [筆畫] 構成的物件。

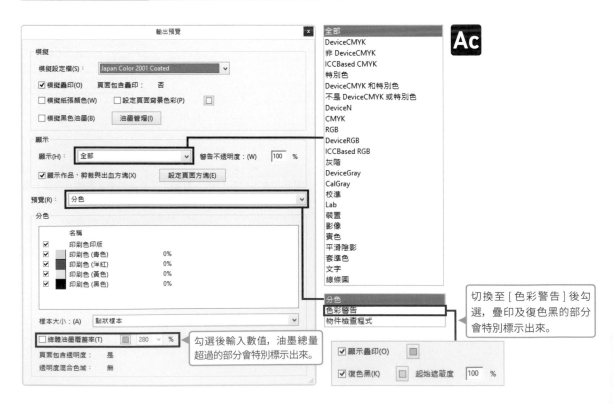

勾選後輸入數值，油墨總量超過的部分會特別標示出來。

切換至 [色彩警告] 後勾選，疊印及復色黑的部分會特別標示出來。

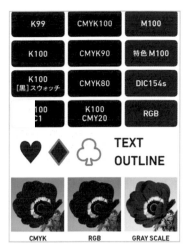

範例的 PDF 檔案。範例內的文字是用來標示物件的 [顏色值] 與 [色彩模式]。「OUTLINE」是已經外框化的文字，其他文字則是內嵌。

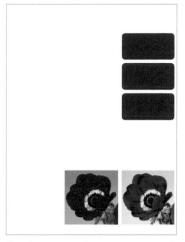

若選擇 [顯示：非 DeviceCMYK]，會顯示用特別色表現的顏色，以及 [RGB 色彩] 和 [灰階] 的物件。「特別色 M100」，是將印刷色色票變更為 [色彩類型：特別色] 的顏色。

若選擇 [顯示：文字]，則會顯示內嵌的文字。外框化的文字會被當成線條圖，因此不會顯示。

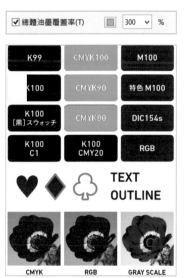

若勾選 [總體油墨覆蓋率]，然後設定 [300%]，油墨總量超過 300% 的部分會特別標示（黃綠色）。例如「CMYK80」是 [C：80%／M：80%／Y：80%／K：80%] ＝ 80% × 4 ＝ 320%，因為超過 300%，所以會強調突顯。關於油墨總量與相關問題，請參照 P96。

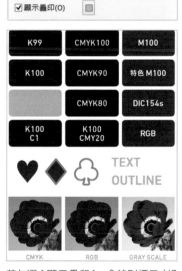

若勾選 [顯示疊印]，會特別標示（橘色）有設定疊印的物件。範例是使用 InDesign 製作，因此可看出設定 [黑色] 色票的物件及文字將會自動設定疊印。

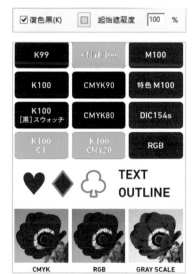

若勾選 [復色黑]，然後設定 [起始遮蔽度：100%]，[100%] 的 K 油墨中有加入其他油墨來表現的黑色部分會特別標示（水藍色）。若設定 [80%]，用 [80%] 以上的 K 油墨與其他油墨表現的黑色部分會標示出來。

變更為 [**預覽：色彩警告**]，然後勾選 [顯示疊印] 與 [復色黑]，設定疊印的物件、復色黑的物件會特別標示出來。深色物件的疊印、不小心設定復色黑的細小文字[6.]，單憑肉眼預覽很難發現，此時便可活用此功能。

★ 6. 細小文字若設定復色黑，只要稍微套印不準就會降低可讀性。

用 [預檢] 分析 PDF 檔

★ 7. 可檢查的僅針對「PDF/X」規範的基準，[解析度]、[色彩模式]、版的數量、髮絲線、字型的嵌入一概不會檢查。

[列印作品] 工具的 **[預檢] 交談窗**，可檢查 PDF 檔案的印刷適宜度。[預檢] 交談窗會顯示預設的預檢設定檔，可用來檢查完稿檔案的，是 [PDF/X 規範] 的 [確認符合 PDF/X-1a 規範] 及 [確認符合 PDF/X-4 規範]* 7.。透過這些檢查項目，可確認是否以「PDF/X」規範為基準。

用預檢設定檔 [確認符合 PDF/X-4 規範] 來分析 PDF 檔

STEP1. 在 [預檢] 交談窗中展開 [PDF/X 規範] 選單，然後按下 [確認符合 PDF/X-4 規範]，再按下 [分析] 鈕。

STEP2. 在 [結果] 標籤頁確認分析結果。

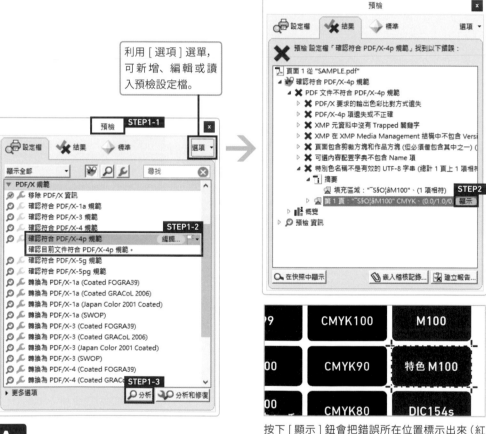

利用 [選項] 選單，可新增、編輯或讀入預檢設定檔。

按下 [顯示] 鈕會把錯誤所在位置標示出來（紅色虛線）。本例是因為特別色色票的名稱，使用了非 UTF-8 編碼的文字。

KEYWORD

預檢

別名：Preflight

檢查檔案是否適合印刷。檢查的是完稿檔案轉存前、轉存後這兩種狀態。InDesign 在製作過程中，隨時可以利用預檢功能進行檢查。

也可自行建立獨特的預檢設定檔（**自訂預檢設定檔**）[8]，例如混入特定[色彩模式]物件會出現錯誤、影像的[解析度]過低會跳出警告等預檢設定檔。

製作自訂預檢設定檔

STEP1. 選取預檢設定檔後，按下[預檢]交談窗的[選項]鈕，然後執行『重做預檢設定檔』命令。

STEP2. 在[預檢：編輯設定檔]交談窗的左側點選項目後，在右側設定檢查內容及[名稱]，然後按下[確定]鈕。

★ 8. 複製現有的預檢設定檔即可輕鬆製作。要重新編輯自訂預檢設定檔，可在[預檢]交談窗按下[選項]鈕後執行『編輯預檢設定檔』命令，或是按下預檢設定檔名稱右側的[編輯]鈕亦可。

用印刷廠的預檢設定檔分析 PDF 檔

如同 PDF 轉存設定檔案，有的印刷檔也會提供預檢設定檔[9]。讀入後分析，即可執行最適合該印刷廠的檢查。

★ 9. 預檢檔的附檔名是「.kfp」。

讀入預檢設定檔

STEP1. 在[預檢]交談窗按下[選項]鈕，執行『讀入預檢設定檔』命令。

STEP2. 在[讀入預檢設定檔]交談窗中選取預檢設定檔(.kfp)，然後按下[開啟]鈕。

4-5 用 InDesign 格式送印

InDesign 送印，除了 InDesign 檔與相關檔案之外，還可提取字型。利用封裝功能，即可彙整收集必要的檔案。

InDesign 送印的準備工作

InDesign 送印[1]，除了進行編排作業的 **InDesign 檔案**（排版檔），其中包含的**連結影像**、**連結檔**、**字型檔**也須一併交給印刷廠。InDesign 大多是用來處理多個頁面，關聯影像及檔案數量也相對變多，因此必須要有計畫的作業，以及適切的管理與檢查。

活用即時預檢功能

InDesign 具備**即時預檢**的功能[2]，可隨時檢查是否有遺失的連結或溢排文字[3]。讓預檢功能呈現隨時作用的狀態，一旦發現錯誤，視窗下方即會顯示紅色圓圈。按下右側的 [預檢選單] 鈕（三角箭頭）執行『預檢面板』命令，可開啟 **[預檢] 面板**[4] 檢視發生錯誤的頁面。錯誤一旦解決，就會恢復綠色圓圈（無錯誤）[5]。

★ 1. 有些印刷廠也可能不受理 InDesign 送印，請事先確認網站或完稿須知。

★ 2. 此功能預設是啟用狀態。

★ 3. 溢排文字是指超出文字框的文字。

★ 4. [預檢] 面板執行『視窗／輸出／預檢』命令也可開啟。

★ 5. 視窗下方的 [預檢選單] 鈕，也可新增或套用自訂預檢描述檔。

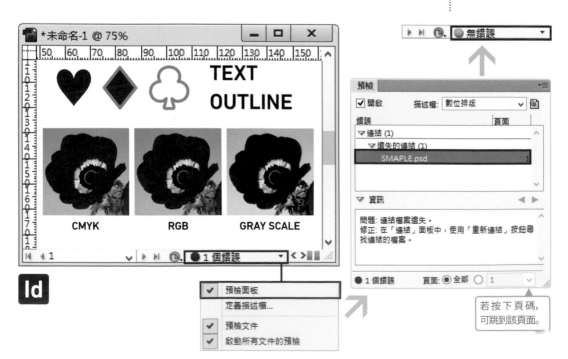

若按下頁碼，可跳到該頁面。

預檢功能，是檢查預檢描述檔中設定的項目。預設是 [[基本]（使用中）] [6]，可檢查遺失的連結、需要更新的連結、溢排文字等最低限度的必要項目。若需要檢查混入的 [RGB 色彩] 物件、使用特別色色票、[解析度] 等印刷用途的項目時，可自訂預檢描述檔。

★ 6. [[基 本]（使 用中）] 可檢查以下項目：

・連結遺失或已修改
・無法存取的 URL
・溢排文字
・字體遺失
・未解決的標題變數

用自訂預檢描述檔檢查混入的 [RGB 色彩] 物件

STEP1. 從 [預檢] 面板選單執行『定義描述檔』命令。
STEP2. 在 [預檢描述檔] 交談窗的左側按下 [＋（新增預檢描述檔）] 鈕，然後在右側展開 [顏色] 後勾選 [不允許色域和色彩模式] 及 [RGB]，接著設定 [描述檔名稱] 後按下 [確定] 鈕。
STEP3. 在 [預檢] 面板的 [描述檔] 列示窗選取自訂的預檢描述檔。

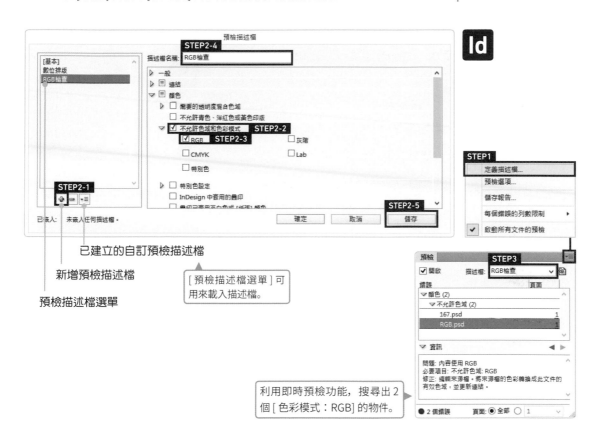

已建立的自訂預檢描述檔

新增預檢描述檔

預檢描述檔選單

[預檢描述檔選單] 可用來載入描述檔。

利用即時預檢功能，搜尋出 2 個 [色彩模式：RGB] 的物件。

　已建立的自訂預檢描述檔，執行『定義描述檔』命令開啟 [預檢描述檔] 交談窗即可重新編輯。另外，也可載入印刷檔提供的預檢描述檔 [7] 來用。

★ 7. 預檢檔的附檔名是「.idpp」。

讀入預檢描述檔

STEP1. 從 [預檢] 面板的選單執行『定義描述檔』命令。
STEP2. 按下 [預檢描述檔] 交談窗的 [預檢描述檔選單] 鈕，執行『載入描述檔』命令。
STEP3. 在交談窗選取預檢描述檔（.idpp），然後按下 [開啟] 鈕。

用封裝功能收集檔案

用 InDesign 格式送印時，除了 InDesign 檔案外，也要附加連結影像與字體[★8.]。利用 InDesign 的**封裝功能**[★9.]，即可一併彙整收集必要的檔案。

在進行此項作業之前，InDesign 檔案中若包含不必要的圖層或物件，請先予以刪除。

用封裝功能收集檔案

STEP1. 執行『檔案／封裝』命令，在 [封裝] 交談窗確認沒有錯誤後，按下 [封裝] 鈕。

STEP2. 在 [列印指示] 交談窗中按下 [繼續] 鈕。

STEP3. 在 [封裝出版物] 交談窗中設定存檔位置及檔名，然後勾選 [拷貝字體 (CJK 除外)]、[拷貝連結圖形]、[更新封裝中的圖形連結]，然後按下 [封裝] 鈕。

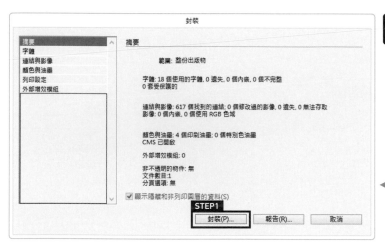

按下 [報告] 鈕，可將這個交談窗的內容儲存為文字檔 (.txt)。

文字版權相關的警告交談窗，可直接按下 [確定] 鈕進行下一步。

不輸入也沒關係。

> ★ 8. 英文字型若用於印刷，其授權對於該印刷品而言是一次性版權。因為是指針對特定印刷品一次性授權，因此相同字型也可用在其他的印刷品上。

> ★ 9. Illustrator 及 Photoshop 也可利用封裝功能。因為可收集用到的字體，要製作保存用的歸檔時很方便。

KEYWORD

封裝

可收集排版檔與其連結圖像、連結檔、英文字體、Adobe 中文字體。原本是 InDesign 特有的功能，現在 Illustrator 及 Photoshop 也具備此功能。

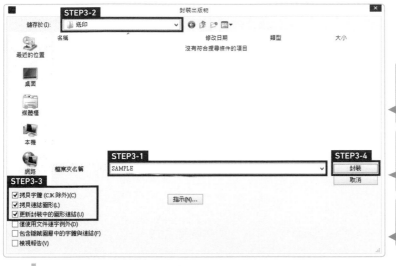

完稿檔案，至少要勾選這3個項目。若勾選 [更新封裝中的圖形連結]，可讓連結（絕對路徑）維持原始影像及檔案的狀態。

舊版 InDesign 開啟時使用的轉換檔「IDML」，也可轉存 PDF 檔。若不需要也可取消。[PDF 預設集] 的選項與 [Adobe PDF 預設集] 相同。

按下 [指示] 可顯示 [列印指示] 交談窗。勾選 [檢視報告]，封裝完成後會顯示「指示 .txt」。

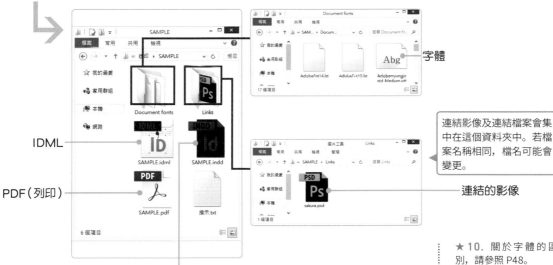

IDML

PDF（列印）

排版檔

字體

連結影像及連結檔案會集中在這個資料夾中。若檔案名稱相同，檔名可能會變更。

連結的影像

　封裝完成後，會建立以 [封裝] 交談窗中設定的 [名稱] 命名的資料夾，並將檔案彙整其中，此資料夾即可當作完稿檔案交給印刷廠。另外，彙整收集的檔案全部都是**複製**來的，因此即便原始檔案經過修改，封裝檔案也不會同步變更，這點須格外留意。此外，也得留意間接連結或 Typekit 這類不會收集的連結影像及英文字體[★10]。尤其是字體，製作前務必仔細確認可否使用[★11]。

	會收集	不會收集
影像	連結影像 連結檔	間接連結（連結影像及連結檔內連結置入的影像及檔案）
字體	英文字型 Adobe 中文字型	中文字體／版權字體 Adobe Typekit 桌面字體／CJK 字體[★12] 連結檔使用的字體

★10. 關於字體的區別，請參照 P48。

★11. 封裝時，連結檔的連結影像（間接連結）及連結檔中使用的字體不會包括在內。送印時必須將所有文字轉外框，間接連結的檔案則要放入封裝時建立的「Links」資料夾內，有些印刷廠會要求嵌入（編註：隨著字體版權意識抬頭，目前台灣字體製作廠商在提供字體時多半使用「租賃」的方式，能使用字體但無法拿到字體檔案，因此無法封裝進去，使用租賃字體時需多留意）。

★12. CJK 字體，收錄了使用日中韓文字的字體。「CJK」，是取自中文、日文、韓文的英文首字母。

4-6 用 Illustrator 格式送印

Illustrator 送印，是通用性高的送印格式。檢查項目看似繁多，但製作階段稍加留意，幾乎可解決大部分的需求。

通用的 Illustrator 送印

Illustrator 送印，是提供 Illustrator 檔（排版檔）與其相關的**連結影像**、**連結檔**[1]、**字型檔**給印刷廠的送印格式。現在幾乎所有的印刷廠都能受理，是通用的送印格式。

Illustrator 送印，也可想成 InDesign 送印的 Illustrator 版。不過，關於字體的部分，目前大部分的印刷廠都會要求**外框化**[2]，因此也不盡然完全相同。

把連結影像變更為**嵌入影像**，即可像 PDF 送印般以單一檔案送印。不過，缺點是印刷廠無法個別調整影像的顏色。關於連結影像與嵌入影像，詳細解說請參照 P76。

Illustrator 送印的檢查重點

以 Illustrator 格式送印，需要檢查的地方很多，請參閱右頁的檢查表。確認使用油墨及版的狀態是利用 **[分色預視] 面板**、置入影像是 **[連結] 面板**、檢查整個檔案則是使用 **[文件資訊] 面板**。**孤立控制點**可執行『物件／路徑／清除』命令，在交談窗中勾選 [孤立控制點] 和 [空白文字路徑] 後按下 [確定] 鈕即可刪除[3]。

關於油墨總量及疊印，也可暫時先複製轉存為 PDF 檔後用 **Acrobat Pro** 開啟，利用其中的功能進行調查（請參照 P162）。

[孤立控制點] 是在 [鋼筆工具] 或刪除錨點時因操作失誤而產生，[空白文字路徑] 則是 [文字工具] 等操作失誤所造成。

★ 1. Illustrator 檔內雖然也可置入 Illustrator 檔及 PDF 檔，但是包含這類置入檔案的完稿檔案，有些印刷廠會無法使用。

★ 2. 一般合版印刷或是小量數位印刷，幾乎都會要求 Illustrator 送印時必須將文字外框化。如果主要是交給這類印刷廠印刷時，務必將 Illustrator 送印與 InDesign 送印想成完全不同的兩種方式，並且分別記住各自的處理方法，比較不容易出錯或遭印刷廠拒收。

★ 3. 也可執行『選取／物件／孤立控制點』命令，然後按下 [Delete] 鍵刪除。利用此命令的好處是能夠確認欲刪除的物件。

KEYWORD
孤立控制點

別名：多餘的錨點、空白文字路徑

由單一錨點構成，不具備線段的路徑。主要是在 [鋼筆工具] 及 [文字工具] 點一下後沒有繪圖或輸入時產生。可能會造成輸出問題，因此送印前最好刪除。

版本	☐ 以製作軟體的版本存檔
	☐ 用有別於製作軟體版本的版本存檔時，需留意因向下相容而造成的外觀擴充或漸層 [筆畫] 外框化等改變

色彩模式	☐ 選擇 [CMYK 色彩模式]

油墨	☐ 只有產生使用中油墨的版 (在 [分色預視] 面板確認。請參照 P28)
	☐ 油墨總量控制在印刷品規定的範圍內 (確認方法請參照 P28)

裁切標記與工作區域	☐ 裁切標記建立在正確的尺寸及位置
	☐ 裁切標記配置在最前面
	☐ 裁切標記與工作區域的中心一致
	☐ 工作區域只有一個
	☐ 用 [效果] 選單製作的裁切標記有用 [擴充外觀] 展開
	☐ 裁切標記的 [筆畫] 顏色設定為 [拼板標示色]
	☐ 超過出血外側的部分，有用剪裁遮色片遮蔽起來

字體	☐ 需要外框化或是印刷廠沒有的字型，全部都已外框化 (確認方法請參照 P57)

置入影像	☐ 檔案格式為 Photoshop 格式／Photoshop EPS 格式／TIFF 格式
	☐ [色彩模式] 設定為 [CMYK 色彩]、[灰階] 或 [點陣圖]
	☐ [CMYK 色彩] 與 [灰階] 的 [解析度] 建議設定為原寸 300ppi 以上，[點陣圖] 為 600ppi 以上
	☐ 連結影像沒有遺失連結
	☐ 連結影像已平面化或合併成單一圖層
	☐ 連結影像的文字圖層、路徑圖層、圖層效果都有點陣化
	☐ 連結影像未包含不必要的色版
	☐ 連結影像未包含不必要的路徑
	☐ 連結影像和 Illustrator 檔案放在同一階層 (資料夾)
	☐ 連結影像不是間接連結 (連結影像內的置入影像全部都已嵌入)
	☐ 以單一排版檔送印時，置入影像全部都已嵌入

置入檔案	☐ 置入檔案是 Illustrator 檔時，已將包含其中的文字外框化
	☐ 置入影像沒有連結 (連結檔內的置入影像及置入檔全部都已嵌入，不存在間接連結)
	☐ 不可置入 Illustrator 檔及 PDF 檔時，確認沒有置入這些檔案

疊印	☐ 沒有設定非預期的疊印 (已經用疊印預覽確認)
	☐ 白色物件沒有設定疊印
	☐ 淺色物件沒有設定非預期的疊印
	☐ 有可能自動黑色疊印時，替不需要設定疊印的 [K：100%] 物件進行迴避處理 ([K：99%] 或替 CMYK 其中一項添加 [1%]。請參照 P94)

透明物件	☐ 在 [文件點陣化效果設定] 交談窗，設定 [解析度：高 (300ppi)]
	☐ 特別色色票與透明物件不重疊使用 ❶
	☐ 漸層與透明物件不重疊使用 ❶

其他	☐ 不存在孤立控制點
	☐ 不使用只有設定 [填色] 的超細直線 (線條圖)
	☐ 未包含不必要的圖層或物件
	☐ [圖層選項] 交談窗有勾選 [列印]
	☐ [圖層選項] 交談窗沒有勾選 [範本]
	☐ [圖層選項] 交談窗沒有勾選 [模糊影像至]
	☐ 複雜的圖樣及其縮放物件都已點陣化 ❶
	☐ 複雜的路徑已點陣化 ❶

❶ 也可能遇到例外情況，請確認印刷廠的完稿須知，或直接詢問印刷廠。

※ 本頁的檢查表項目，仍可能與印刷廠的完稿指示不盡相同，或者有所不足。此時，請以印刷廠的指示為優先。

製作完稿檔案

送印用的 Illustrator 檔案,要進行文字外框化★4.、擴充外觀★5.、嵌入置入影像★6. 等處理。作業用檔案通常不直接當作送印檔案,而是先複製作業用檔案★7.,再把複製檔案當作完稿檔案添加送印處理★8.,爾後若需要修改內容,即可開啟原始檔案來處理。

★4. 不需要外框化的送印方式則不需要。

★5. 是否擴充外觀,請根據印刷廠的指示。

★6. 以連結影像送印時則不需要。影像要連結或是嵌入,請根據印刷廠的指示。

連結影像　排版檔

製作階段,把排版檔(作業用檔案)與其連結影像放在相同資料夾,比較容易整合完稿檔案。

★7. 如果對作業用檔案儲存時的設定瞭若指掌,把複製後的檔案當作完稿檔也沒有問題,但是利用舊版製成的檔案時,若不確定當初的設定,最好用 [儲存拷貝] 存檔比較保險。

★8. 文字外框化等處理,請開啟複製儲存後的檔案來進行。

用 Illustrator 把原始檔案複製儲存為送印用檔案

STEP1. 執行『檔案/儲存拷貝』命令。

STEP2. 在交談窗中選取 [存檔類型:Adobe Illustrator(*.AI)],然後設定存檔位置與檔名,再按下 [存檔] 鈕。

STEP3. 在 [Illustrator 選項] 交談窗選取 [版本],然後設定 [選項] 與 [透明度],再按下 [確定] 鈕。

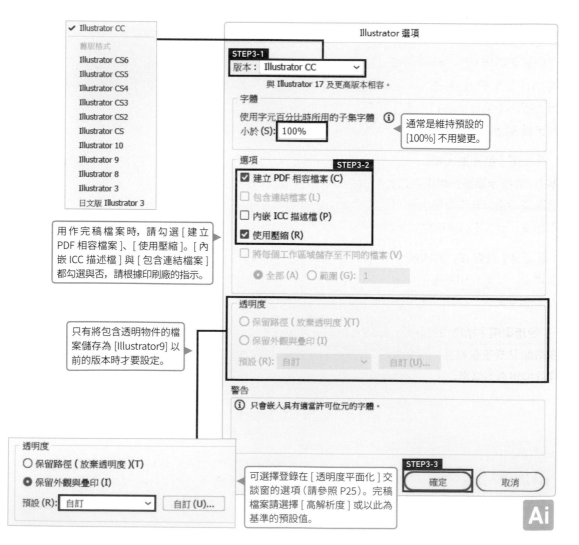

用作完稿檔案時,請勾選 [建立 PDF 相容檔案]、[使用壓縮]。[內嵌 ICC 描述檔] 與 [包含連結檔案] 都勾選與否,請根據印刷廠的指示。

通常是維持預設的 [100%] 不用變更。

只有將包含透明物件的檔案儲存為 [Illustrator9] 以前的版本時才要設定。

可選擇登錄在 [透明度平面化] 交談窗的選項(請參照 P25)。完稿檔案請選擇 [高解析度] 或以此為基準的預設值。

[Illustrator 選項] 交談窗的設定項目，每一項都具有重要的意義。首先是 **[版本]**，請選擇作業版本或印刷廠指示的版本。Adobe 軟體的版本從外部無法判斷，因此在替檔案命名時，最好一併標示出軟體版本。Bridge 的 [檔案屬性] 中顯示的版本，只是「儲存時使用的版本」，並不完全準確。CC 以後的版本一律顯示為 [Illustrator CC]，但內部會記錄**作業版本**[★9.]。然而用 CC 版本的軟體開啟 CC 2014 或 CC 2017 的檔案時，並不會跳出警告視窗[★10.]，但是用舊版沒有的功能製作的部分可能會走樣，因此建議用儲存時的版本開啟。

[選項] 區有 4 個重要的檢查項目。**[建立 PDF 相容檔案]** 務必勾選。Illustrator 檔案的內容無法在 Illustrator 以外的軟體顯示，建立 PDF 相容檔案可使其在其他軟體中顯示。有些印刷廠會使用 InDesign 或 Quark 等軟體來進行落版，如果沒有 PDF 相容檔案則無法作業。

取消 [建立 PDF 相容檔案] 後儲存的 Illustrator 檔案的 Finder 縮圖（左），與置入 InDesign 後的狀態（右）。兩者都不會正常顯示內容，而是顯示「儲存此 Adobe Illustrator 檔時未附帶 PDF 內容。」等一連串的文字。

若勾選 **[包含連結檔案]**，會將連結影像轉換為嵌入影像[★11.]。為了避免連結遺失，有些印刷廠會建議勾選，若沒有特別指示，基本上請不要勾選，而是改用手動方式嵌入影像，比較不容易造成混亂。

若勾選 **[內嵌 ICC 描述檔]**，會將色彩描述檔嵌入檔案中。是否嵌入色彩描述檔，請遵從印刷廠的指示。若不確定，國內用的完稿檔案基本上嵌入與否都沒關係。不過，RGB 送印時務必嵌入色彩描述檔。

[使用壓縮] 維持勾選狀態。這裡使用的是非破壞性壓縮方式，因此壓縮後影像品質不會變差。若存檔時取消此項目，不只檔案會變大，還會變成非效率構造的檔案。

★ 9. 在 CS 版本以後，Illustrator 的版本就有表面版號與內部版號的分別。「Illustrator 17」就相當於「CC」。

表面	內部
CS	Illustrator11
⋮	⋮
CS6	Illustrator16
CC	Illustrator17
CC2014	Illustrator18
CC2015	Illustrator19
CC2015.3	Illustrator20
CC2017	Illustrator21
CC2018	Illustrator22

★ 10. CC 2014 以後的檔案用 CC 開啟，版面格式會有變化。

★ 11. 連結影像轉換為嵌入影像，會在關閉檔案時才生效。作業途中即使勾選 [包含連結檔案] 後存檔，在關閉檔案前都會被當成連結影像。

KEYWORD

PDF 相容檔案

為了讓 Illustrator 以外的軟體也可顯示內容，而以 PDF 格式儲存的檔案。用 Illustrator 格式存檔時，若勾選 [建立 PDF 相容檔案]，會以包含該格式的形式儲存，因此可置入 InDesign 或使用 Photoshop 開啟。完稿檔案請務必勾選。

關於 Illustrator 的封裝功能

從 CS6 的雲端版開始，Illustrator 也可使用**封裝功能**。與 InDesign 一樣，可一併彙整收集排版檔、連結影像、連結檔案、字體檔案等送印必要的檔案。

★ 12. 如果有未儲存的部分，則無法使用封裝功能。

用封裝功能收集檔案

STEP1. 儲存檔案★ 12. 後，執行『檔案／封裝』命令。

STEP2. 在 [封裝] 交談窗中指定 [位置] 與 [檔案夾名稱]，然後按下 [封裝] 鈕。

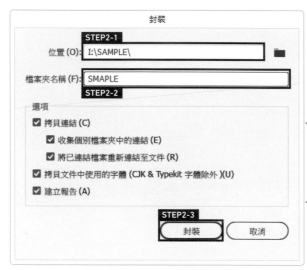

若取消 [收集個別檔案夾中的連結]，會將排版檔與連結影像整合到同一階層。

若勾選 [建立報告]，會輸出與 InDesign 的 [封裝] 交談窗相同內容（[色彩模式]、字體、連結影像的詳細資訊等內容。請參照 P168）的文字檔。

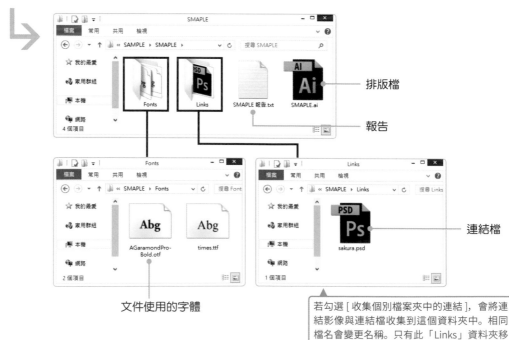

排版檔

報告

連結檔

文件使用的字體

若勾選 [收集個別檔案夾中的連結]，會將連結影像與連結檔收集到這個資料夾中。相同檔名會變更名稱。只有此「Links」資料夾移到電腦以外的地方，連結也不會遺失。

4-7 用 Photoshop 格式送印

如果利用 Photoshop 送印，只有點陣圖即可送印。最近能夠轉存 Photoshop 格式的軟體很多，即使沒有安裝專業的繪圖軟體，也可製作完稿檔案。

把點陣圖用作完稿檔案的 Photoshop 送印

Photoshop 送印，是將**出血尺寸**的 Photoshop 檔案（點陣圖）[★1.] 當作完稿檔案。不需要建立裁切標記，只要有能夠轉存 Photoshop 格式的軟體，即可製作完稿檔案。

Photoshop 送印的檢查重點

關於 Photoshop 送印，沒有太多需要檢查的項目。只要在建立新檔時設定正確的 [尺寸] 及 [解析度]，之後僅需利用 **[路徑] 面板**[★2.] 與 **[色版] 面板**[★3.] 檢查即可。會造成輸出問題的文字圖層、圖層效果、連結影像等，利用**影像平面化**功能即可點陣化。不過，燙金或多色印刷這類需要保留圖層的完稿檔案，則必須把每個圖層分別點陣化。

尺寸	☐ 完成尺寸的上下左右，有均等增加出血範圍
色彩模式	☐ 設定為 [CMYK 色彩]、[灰階] 或 [點陣圖]（※RGB 送印除外）
解析度	☐ [CMYK 色彩]、[灰階] 的解析度設定原寸 300ppi 以上，[點陣圖] 設定 600ppi 以上
圖層	☐ 平面化變成「背景」
	☐ 燙金或多色印刷的完稿檔案，每個版分圖層時，各個圖層分別合併成一張
	☐ 文字圖層有點陣化（平面化時不需要檢查）
	☐ 圖層效果有點陣化（平面化時不需要檢查）
	☐ 路徑圖層有點陣化（平面化時不需要檢查）
路徑	☐ [路徑] 面板沒有保留不必要的路徑
色版	☐ [色版] 面板沒有建立不必要的色版

※ 本頁的檢查表項目，仍可能與印刷廠的完稿指示不盡相同，或者有所不足。此時，請以印刷廠的指示為優先

★ 1. 上下左右的出血範圍若相等，只用點陣圖也可送印。代表性的格式是 Photoshop 送印，但也有接受其他檔案格式的印刷廠。接受 RGB 送印的印刷廠，大多會假設 CLIP STUDIO PAINT、SAI、Word 等軟體的使用者是顧客群，因此可接受的完稿檔案格式通常放得比較寬。

★ 2. 完稿檔案的「必要的路徑」，包括用來替貼紙等印刷品指定切割位置的刀模線（P194）。

★ 3. 「不必要的色版」，是指沒用到的 Alpha 色版，以及沒用到的特別色色版。

將完稿檔案儲存為 Photoshop 格式

相關內容｜可靠的置入影像格式–Photoshop 格式 P61

　　影像一旦經過平面化或點陣化等處理，便無法回復原本的狀態。作業用檔案不直接用作完稿檔案，而是先另外複製檔案★4，再於此施加送印前的處理，如此一來，爾後需要修改時還有原始檔可供因應。

★ 4. 如果對作業用檔案儲存時的設定瞭若指掌，把複製後的檔案當作完稿檔也沒有問題，但是利用舊版製成的檔案時，若不確定當初的設定，最好用 [另存新檔] 儲存檔案比較保險。

用 Photoshop 把原始檔案複製儲存為送印用檔案

STEP1. 執行『檔案／另存新檔』命令。

STEP2. 在交談窗選擇 [存檔類型：Photoshop (*.PSD,*.PDD,*.PSDT)]，然後設定存檔位置與檔案名稱，接著勾選 [做為拷貝]，最後再按下 [存檔] 鈕。

STEP3. 開啟複製儲存的檔案，將影像平面化。

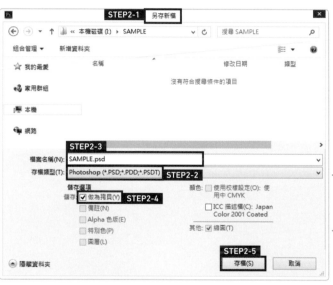

若有使用 [特別色] 面板建立特別色版時，請勾選 [特別色]。若未勾選，會放棄特別色色版，因此請勾選再存檔。若是誤用的特別色色版，將其分解成 CMYK 色版也沒關係時，則不必勾選。

[色彩模式] 為 [CMYK 色彩] 或 [灰階] 時，[ICC 描述檔] 的勾選與否，請遵循印刷廠的指示。RGB 送印則務必勾選。

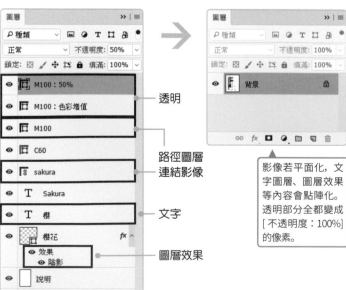

透明

路徑圖層
連結影像

文字

圖層效果

影像若平面化，文字圖層、圖層效果等內容會點陣化。透明部分全都變成 [不透明度：100%] 的像素。

特別色色版

勾選 [特別色] 後存檔，可保留特別色色版。

把 Illustrator 完稿檔案
轉換為 Photoshop 完稿檔案

相關內容｜事先平面化 P87

用 Illustrator 製成的完稿檔案，若使用了複雜的透明效果，希望點陣化使其獲得較穩定的結果時，也可改用 Photoshop 送印[★5]。轉存範圍變成以**工作區域**為基準，因此工作區域的尺寸、位置、**出血**是否有照預期設定，在轉存前請務必仔細確認[★6]。

用 Illustrator 轉存完稿用的 Photoshop 檔案[★7]

STEP4. 執行『檔案／轉存／轉存為』命令[★8]。

STEP5. 設定 [存檔類型：Photoshop (*.PSD)]，然後設定存檔位置及檔案名稱，接著勾選 [使用工作區域]，最後再按下 [轉存] 鈕。

STEP6. 在 [Photoshop 轉存選項] 交談窗中設定 [色彩模式：CMYK]、[解析度：350ppi]、[平面影像]、[消除鋸齒：最佳化線條圖 (超取樣)]，然後按下 [確定] 鈕。

★5. 如果把 Illustrator 檔案轉存為 Photoshop 格式，特別色色票會分解成基本油墨 CMYK。要保留特別色色票時，不可以使用這個方法。

★6. 開啟轉存後的檔案，確認外觀等設定。可能會遇到圖樣中途出現白線這類點陣化後產生的新問題 (解決方法請參照 P83 頁)。

★7. 也可用 Photoshop 開啟 Illustrator 完稿檔案然後儲存。若是完成尺寸太大而無法使用 Illustrator 轉存時，也可用這個方法轉換為 Photoshop 檔案。

★8. CC 2015 以前是執行『檔案／轉存』命令。

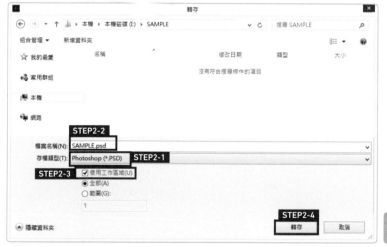

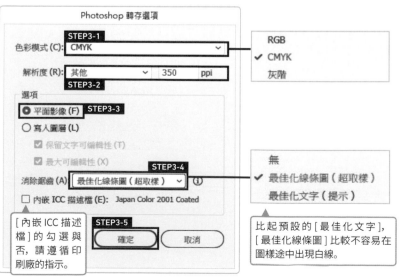

[內嵌 ICC 描述檔] 的勾選與否，請遵循印刷廠的指示。

比起預設的 [最佳化文字]，[最佳化線條圖] 比較不容易在圖樣途中出現白線。

4-8 關於 RGB 送印

利用 RGB 送印時，必須在完稿檔案內嵌入色彩描述檔。如果沒有色彩描述檔，印刷廠將無從得知製作者想要的顏色。

RGB 送印的特長與注意事項

相關內容 | Adobe RGB 與 sRGB P16

有些印刷廠接受 [色彩模式：RGB 色彩] 製成的完稿檔案，且印刷廠不會轉換為 [CMYK 色彩]，這個方法就是所謂的「**RGB 送印**」。也因此，SAI 或 CLIP STUDIO PAINT 這類無法用 [色彩模式：CMYK 色彩] 編輯的軟體，也可製作完稿檔案。此外，有些印刷廠也備有專屬的轉換範本，與其自己轉換，交給印刷廠處理，比較能夠得到接近螢幕顯色的結果。

RGB 送印的檔案，作業環境的**色彩描述檔一定要嵌入**。色彩描述檔是用來指定顏色的視覺呈現[*1.]，如果不嵌入，印刷廠開啟時會不知道作業環境的色彩描述檔，因此無法再現相同的顏色[*2.]。無法推測色彩描述檔時，印刷廠可能會使用規定的色彩描述檔[*3.] 開啟，若與製作者的作業環境不同，顏色就會改變。以此狀態轉換為 [CMYK 色彩]，就會印出非預期的顏色[*4.]。

★ 1. 即使是相同的 [顏色值]，呈現出的顏色也會隨使用的色彩描述檔而改變。與 [顏色值] 及螢幕顏色息息相關的，正是色彩描述檔。

★ 2. 不過，螢幕也有其特性，即使印刷廠使用與作業環境相同的色彩描述檔開啟檔案，也不一定會與作業環境看到的完全相同。

★ 3. 有些印刷廠會明確說出無法判斷時使用的色彩描述檔。

★ 4. 即使嵌入色彩描述檔，轉換為 [CMYK 色彩] 仍會喪失部分色域。

開啟沒有嵌入色彩描述檔的檔案時會顯示此交談窗。若選擇與作業環境不同的色彩描述檔，顏色看起來會改變。不過，RGB 的 [顏色值] 不變。

在 [資訊面板選項] 交談窗中勾選 [狀態資訊] 區的 [文件描述檔]，即可顯示色彩描述檔。[資訊面板選項] 交談窗也可從 [資訊] 面板選單開啟。

文件的描述檔

保留原樣 （不做色彩管理）	使用 [顏色設定] 的色彩描述檔來開啟。[資訊] 面板會顯示「無標籤的 RGB」。
指定使用中 RGB	使用 [顏色設定] 的色彩描述檔來開啟。[資訊] 面板會顯示使用的色彩描述檔。
指定描述檔	使用指定的色彩描述檔來開啟。[資訊] 面板會顯示使用的色彩描述檔。

在作業環境中開啟的狀態。[使用中色域] 是 [Adobe RGB(1998)]。

※[使用中色域] 是指作業環境使用的色彩描述檔。

嵌入色彩描述檔儲存後關閉，然後再重新開啟的狀態。若有嵌入色彩描述檔，即使用其他電腦開啟，仍可得知作業環境使用的色彩描述檔。用相同的色彩描述檔開啟，可顯示與作業環境相同的顏色。

嵌入色彩描述檔儲存後關閉，然後使用與作業環境不同的色彩描述檔 [sRGB IEC61966-2.1] 開啟的狀態。顏色看起來改變了。整體變暗沉，是因為轉換為比 [Adobe RGB(1998)] 色域窄的 [sRGB IEC61966-2.1]。

儲存時嵌入色彩描述檔

要嵌入色彩描述檔，可透過存檔時的交談窗★5.。在交談窗中勾選 **[ICC 描述檔]** 即可嵌入。存檔時未嵌入色彩描述檔的檔案，若要重新嵌入色彩描述檔，必須執行『編輯／另存新檔』命令，然後透過交談窗進行設定。

★5. 也有像 SAI 這類本身不會嵌入色彩描述檔的軟體。此時，若將使用的軟體、螢幕的色彩描述檔等作業環境資訊，記載在完稿檔案規格文件中，有助於印刷廠推測出接近的描述檔來使用(有些印刷廠也可能不參照規格文件，直接用規定的色彩描述檔開啟)。

[ICC 描述檔] 預設是勾選，因此直接存檔的話就會嵌入。

確認色彩描述檔

要確認色彩描述檔是否嵌入，以及內嵌的色彩描述檔，可透過 Finder(Mac) 的 **[檔案簡介]** 視窗。沒有嵌入時，[簡介] 視窗內不會顯示 [描述檔] 項目。

Photoshop 的 [資訊] 面板中所顯示的，是開啟該檔案時使用的色彩描述檔，並非內嵌的色彩描述檔。另外，若是透過 Bridge 檢視，未嵌入色彩描述檔的檔案，仍有可能顯示色彩描述檔。舉例來說，如果把內嵌色彩描述檔的檔案，另存成未嵌入色彩描述檔的檔案時，Bridge 仍會顯示原始檔案的色彩描述檔。

在 Finder 選取檔案，按右鍵執行『取得資訊』命令可開啟。

4-9 用 EPS 格式送印

要求以 EPS 格式送印時，將原生格式的檔案另存新檔即可解決。確實設定 [透明度平面化預設集] 是重點所在。

轉存為 Illustrator EPS 送印

有些印刷廠可受理的檔案格式並非 Illustrator 格式，而是限用 Illustrator EPS 格式[1]。此時，可將原生格式送印時製成的 Illustrator 檔案，重新儲存為 **Illustrator EPS 格式**。

儲存為 Illustrator EPS 格式時的注意事項，是必須在儲存時的 [EPS 選項] 交談窗中，適度設定**透明度平面化預設集**[2]。

用 Illustrator 儲存 EPS 格式的複製檔案

STEP1. 執行『檔案／另存新檔』命令。
STEP2. 在交談窗中選擇 [存檔類型：Illustrator EPS (*.EPS)]，然後設定存檔位置及檔案名稱，再按下 [存檔] 鈕。
STEP3. 在 [EPS 選項] 交談窗設定後，在 [透明度] 區設定 [預設集：[高解析度]]，然後按下 [確定] 鈕。

★ 1. PostScript 基準的商業印刷機蔚為主流的時代，完稿送印常用的檔案格式為 EPS 格式。PDF 基準變成業界標準的現在，EPS 格式雖然不再那麼受推崇，但還是有必須以此格式送印的情況，故特此解說以備不時之需。

★ 2. 預設是設定為 [預設集：[中解析度]]，因此請務必確認。

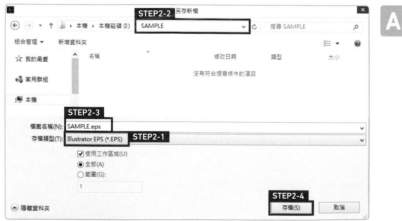

從 Illustrator CC 到 Illustrator CS EPS	設定 [疊印] 與 [預設集]。[疊印] 可選擇 [保留] 或 [放棄]。
從 Illustrator 10 EPS 到 Illustrator 9 EPS	只設定 [預設集]。
Illustrator 8 EPS 以前	選擇 [保留路徑 (放棄透明度)] 或 [保留外觀與疊印]，然後設定 [預設集]。若選擇 [保留路徑 (放棄透明度)]，會放棄透明效果，重設為 [不透明度：100%]、[漸變模式：一般]。若選擇 [保留外觀與疊印]，會保留透明物件與未重疊部分的疊印，重疊部分則會平面化。

※[EPS 選項] 交談窗的內容會隨 [版本] 而改變。[預設集] 是指 [透明度平面化預設集]。

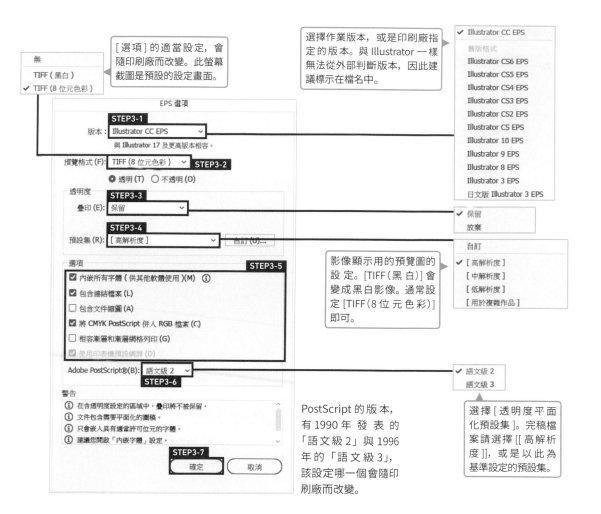

[選項]的適當設定，會隨印刷廠而改變。此螢幕截圖是預設的設定畫面。

選擇作業版本，或是印刷廠指定的版本。與 Illustrator 一樣無法從外部判斷版本，因此建議標示在檔名中。

EPS 選項

無
TIFF（黑白）
✔ TIFF（8 位元色彩）

STEP3-1
版本：Illustrator CC EPS
與 Illustrator 17 及更高版本相容。

✔ Illustrator CC EPS
舊版格式
Illustrator CS6 EPS
Illustrator CS5 EPS
Illustrator CS4 EPS
Illustrator CS3 EPS
Illustrator CS2 EPS
Illustrator CS EPS
Illustrator 10 EPS
Illustrator 9 EPS
Illustrator 8 EPS
Illustrator 3 EPS
日文版 Illustrator 3 EPS

STEP3-2
預覽格式（F）：TIFF（8 位元色彩）
● 透明（T） ○ 不透明（O）

透明度
STEP3-3
疊印（E）：保留

✔ 保留
放棄

STEP3-4
預設集（R）：[高解析度]　自訂（O）...

影像顯示用的預覽圖的設定。[TIFF（黑白）] 會變成黑白影像。通常設定 [TIFF（8 位元色彩）] 即可。

自訂
✔ [高解析度]
[中解析度]
[低解析度]
[用於複雜作品]

選項
STEP3-5
☑ 內嵌所有字體（供其他軟體使用）(M) ⓘ
☑ 包含連結檔案 (L)
☐ 包含文件縮圖 (A)
☑ 將 CMYK PostScript 併入 RGB 檔案 (C)
☐ 相容漸層和漸層網格列印 (G)
☑ 使用印表機預設網屏 (D)

Adobe PostScript®(B)：語文級 2
STEP3-6

✔ 語文級 2
語文級 3

警告
ⓘ 在合透明度設定的區域中，疊印將不被保留。
ⓘ 文件包含需要平面化的圖稿。
ⓘ 只會嵌入具有適當許可位元的字體。
ⓘ 建議您開啟「內嵌字體」設定。

STEP3-7
確定　取消

PostScript 的版本，有 1990 年發表的「語文級 2」與 1996 年的「語文級 3」，該設定哪一個會隨印刷廠而改變。

選擇 [透明度平面化預設集]。完稿檔案請選擇 [[高解析度]]，或是以此為基準設定的預設集。

以作業版本存檔的情況

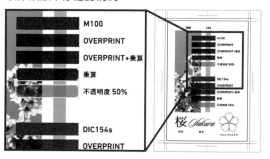

以作業版本（Illustrator CC）存檔。若用 Illustrator 開啟，會顯示保留透明部分、特別色色票、疊印的狀態。若是置入 InDesign，會顯示透明度平面化的狀態。

以 [版本：Illustrator 8 EPS] 存檔的情況

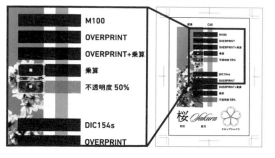

若儲存為 Illustrator 8 以前的版本，即使用 Illustrator 開啟，也會顯示透明度平面化、特別色色票分解成基本油墨 CMYK 的狀態。

轉存為 Photoshop EPS 送印

`相關內容 | 選項之一的 Photoshop EPS 格式 P62`

要把 Photoshop 送印用的檔案★3. 儲存為 Photoshop EPS 格式時，儲存時即時沒有**刪除特色別色版**，特別色版的版仍會消失，這點請格外留意。與儲存為 Photoshop 格式相同，無法利用交談窗的設定將特別色分解成基本油墨 CMYK，因此若要用相似色表現時，請事前處理好再存檔★4.。如果需要保留特別色的版，最好考慮以其他檔案格式送印★5.。

用 Photoshop 儲存 EPS 格式的複製檔案

STEP1. 執行『檔案／另存新檔』命令。

STEP2. 在交談窗中選擇 [存檔類型：Photoshopr EPS（*.EPS）]，設定存檔位置與檔案名稱後，按下 [存檔] 鈕。

STEP3. 在 [EPS 選項] 交談窗設定後，按下 [確定] 鈕。

★3. 是指已經完成影像平面化、刪除多餘色版及路徑等 Photoshop 送印時必要處理的檔案。

★4. 從 [色版] 面板的選單執行『合併特別色色版』命令，可分解成 CMYK 色版。

★5. CMYK ＋特別色油墨 (特別色色版) 的完稿通常是以 Photoshop 格式送印。若是 4 色以下的特別色印刷，可採取指派為基本油墨 CMYK 的形式製作完稿檔案 (參照 P104)，即可以 Photoshop EPS 格式送印。

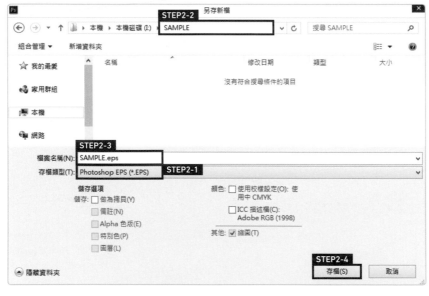

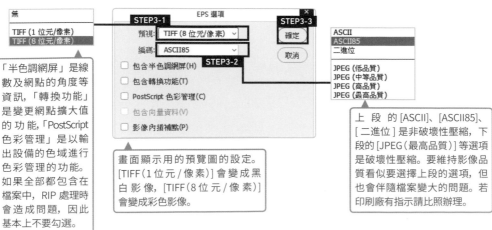

「半色調網屏」是線數及網點的角度等資訊，「轉換功能」是變更網點擴大值的功能，「PostScript 色彩管理」是以輸出設備的色域進行色彩管理的功能。如果全部都包含在檔案中，RIP 處理時會造成問題，因此基本上不要勾選。

畫面顯示用的預覽圖的設定。[TIFF（1 位元 / 像素）] 會變成黑白影像，[TIFF（8 位元 / 像素）] 會變成彩色影像。

上段的 [ASCII]、[ASCII85]、[二進位] 是非破壞性壓縮，下段的 [JPEG（最高品質）] 等選項是破壞性壓縮。要維持影像品質看似要選擇上段的選項，但也會伴隨檔案變大的問題。若印刷廠有指示請比照辦理。

原始的 Photoshop 檔案　　　　　以 EPS 格式另存的檔案

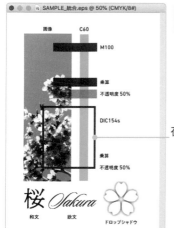

在特別色色版繪製的部分

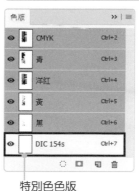

若以 Photoshop EPS 格式存
檔，特別色色版會被刪除，
在特別色色版繪製的部分也
隨之消失。

特別色色版

Illustrator EPS 與 Photoshop EPS 的差異

★6. 存檔版本，是指
[EPS 選項] 交談窗中設
定的 [版本]。

　Illustrator EPS 與 Photoshop EPS，除了存檔軟體的不同，還存在其他
細微的差異。尤其是 Illustrator EPS，檔案的構造會受到 Illustrator 版本的
影響，用不同版本的軟體開啟時會產生變化，因此要事先了解存檔版本★6.。

	Illustrator EPS	Photoshop EPS	備註
版本	有影響	沒有影響	Illustrator EPS 建議用存檔版本開啟。
副檔名	.eps	.eps	因為副檔名相同，若雙按縮圖，可能會用製作軟體以外的程式開啟（會受作業系統影響）。
圖層	保留	平面化	Photoshop EPS 的圖層影像，會被平面化成「背景」。
特別色色版	保留	刪除	即使是 Illustrator EPS，在舊版會將特別色色票分解成基本油墨 CMYK。不過，跟 Photoshop EPS 一樣，設定了特別色色票的物件並不會消失。
用途	燙金或打凸等表面加工用的版	置入影像	因為只有受理 EPS 格式的機器可以印刷，故有其必要性。

4-10 用 CLIP STUDIO PAINT 製作完稿檔案

CLIP STUDIO PAINT 這套繪圖軟體，也可以轉存為 [色彩模式] 適合印刷的 Photoshop 檔案。雖然無法使用 [CMYK 模式] 編輯，若能巧妙運用顯示用的色彩描述檔，在某種程度上仍可控制油墨。

CLIP STUDIO PAINT 可製作的完稿檔案

Photoshop 的 [色彩模式] 是設定在檔案內，CLIP STUDIO PAINT 則是在**圖層**★1.或**轉存時的交談窗**設定。這種設定方式的好處在於，能夠重製為其他的 [色彩模式]。舉例來說，[解析度] 足夠的話，也可將彩色插圖轉換成黑白漫畫原稿。另外，[色彩模式] 在 CLIP STUDIO PAINT 是稱為 [**顯示顏色**]。圖層中的設定選項，與轉存時的交談窗內的設定選項有些許差異，必須充分理解其對應關係。

★ 1. InDesign 也是檔案本身不具備 [色彩模式]，檔案內可同時存在不同 [色彩模式] 的物件及影像。把 CLIP STUDIO PAINT 想成類似的體系也無妨。

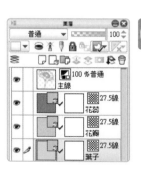

CP

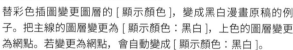

替彩色插圖變更圖層的 [顯示顏色]，變成黑白漫畫原稿的例子。把主線的圖層變更為 [顯示顏色：黑白]，上色的圖層變更為網點。若變更為網點，會自動變成 [顯示顏色：黑白]。

彩色插圖在寫出時選擇 [顯示顏色：黑白 2 色階（網點化）]，變成黑白漫畫原稿的例子。主線的圖層被網點化，因而變成模糊的主線。像這種情況，採取變更圖層 [顯示顏色] 的做法，可讓結果更鮮明。

色彩模式	顯示顏色	解析度	用途
黑白	黑白 【黑白 2 色階 (閾值)】或 【黑白 2 色階 (網點化)】	600ppi 以上	黑白漫畫原稿或黑白插圖等
灰階	灰色 【灰階】	300ppi 以上	黑白插圖或照片等
CMYK 色彩	彩色 【CMYK 顏色】	300ppi 以上	彩色插圖或照片等
RGB 色彩	彩色 【RGB 顏色】	300ppi 以上	彩色照片或照片等 (RGB 送印用)

※Adobe 軟體的 [色彩模式] 與 CLIP STUDIO PAINT 中的名稱對應，與各自的 [解析度]
參考值。【】 內，是 [寫出設定] 交談窗中的名稱。

完稿檔案，是將圖稿寫出為點陣圖所製成。CLIP STUDIO PAINT 可寫出
的檔案格式中，能夠用作完稿檔案的，主要是 **Photoshop 格式**與 **TIFF 格式**。是否需要包含裁切標記或輸出範本，會隨印刷廠而改變，請仔細確認
完稿須知。若是一般的 Photoshop 送印，請在 [psd 寫出設定] 交談窗中
勾選 **[以 [背景] 輸出]**，然後在 [輸出示意圖] 區設定 **[輸出範圍：至十字
規矩線的裁切]** [★2.] 。

彩色插圖盡可能採取 RGB 送印
[相關內容 | RGB 送印的特長與注意事項 P178]

CLIP STUDIO PAINT 無法編輯 [色彩模式：CMYK 色彩] 的影像。寫出時
選擇 [顯示顏色：CMYK 顏色]，可轉存為 [CMYK 色彩] 的影像，但是轉存
後的影像用 CLIP STUDIO PAINT 開啟，還是會轉換為 [RGB 色彩] 的影
像。也因此，轉存後的完稿檔案若需要修改，必須修改轉存前的原始檔
案，然後再重新轉存。

此外，黑色 [R：0／G：0／B：0] 的部分，會轉換為基本油墨 CMYK 都有
用到的顏色[★3.]，因此可能會因為套印不準，而導致細小文字的可讀性降
低，或是連同十字規矩線一起轉存也無法用 [100%] 印刷等問題。請盡量使
用 [RGB 色彩] 的影像送印，再交由印刷廠轉換為 [CMYK 色彩]，輸出問題
較少，也較接近螢幕顯示的顏色。

無法用 RGB 送印、或是非得使用 [CMYK 色彩] 的影像時，將顯示用的色
彩描述檔設定為 [CMYK：Japan Color 2001 Coated] 等適合印刷的描述
檔，或是印刷廠指示的描述檔，接著仔細確認顏色後再轉存。

★2. [新建] 交談窗的
[預設] 選項，有些預設
是設定為 [裁切寬度：
5mm]，一般出血大多
是 3mm。若印刷廠要
求的是 [3mm]，請在 [變
更畫布基本設定] 交談
窗中變更。

★3. 有些印刷廠，也
會準備用來將影像內的
[R：0／G：0／B：0] 變
成 [C：0%／M：0%／Y：
0%／K:100%] 的換算表。

用 CLIP STUDIO PAINT 轉存為 [色彩模式：CMYK 色彩]

STEP1. 執行『檢視／色彩設定檔／設定預覽』命令。

STEP2. 在 [預覽色彩設定檔] 交談窗中設定 [要預覽的設定檔：CMYK：Japan Color 2001 Coated]，然後按下 [OK] 鈕。

STEP3. 執行『檔案／平面化影像並寫出／.psd（Photoshop 檔案）』命令＊4，在交談窗設定儲存位置及檔案名稱，然後按下 [存檔] 鈕。

STEP4. 在 [psd 寫出設定] 交談窗勾選 [以 [背景] 輸出]，然後設定 [顯示顏色：CMYK 顏色]，接著勾選 [嵌入 ICC 設定檔]，再按下 [OK] 鈕。

★ 4. 要一起轉存多個頁面時，可執行『檔案／轉存多頁／一起轉存』命令。在 [一起轉存] 交談窗中設定 [.psd（Photoshop 文件)]，再於 [psd 轉存設定] 交談窗中設定。但是只有 EX。

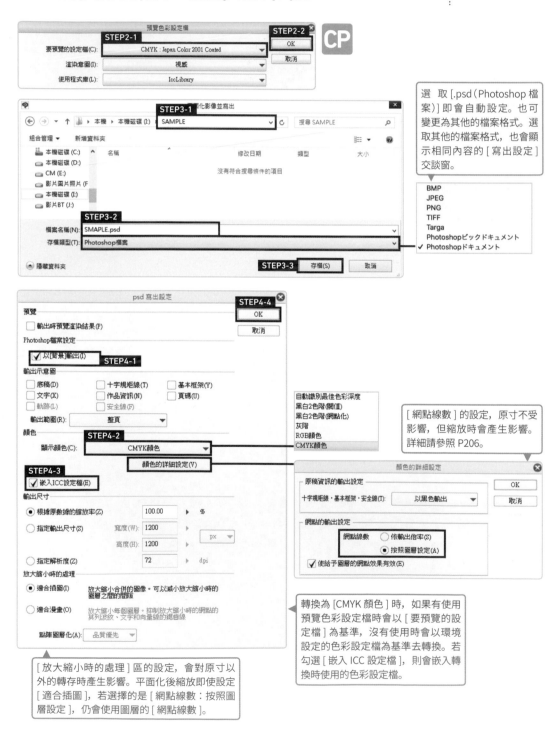

選取 [.psd（Photoshop 檔案)] 即會自動設定。也可變更為其他的檔案格式。選取其他的檔案格式，也會顯示相同內容的 [寫出設定] 交談窗。

[網點線數] 的設定，原寸不受影響，但縮放時會產生影響。詳細請參照 P206。

轉換為 [CMYK 顏色] 時，如果有使用預覽色彩設定檔時會以 [要預覽的設定檔] 為基準，沒有使用時會以環境設定的色彩設定檔為基準去轉換。若勾選 [嵌入 ICC 設定檔]，則會嵌入轉換時使用的色彩設定檔。

[放大縮小時的處理] 區的設定，會對原寸以外的轉存時產生影響。平面化後縮放即使設定 [適合插圖]，若選擇的是 [網點線數：按照圖層設定]，仍會使用圖層的 [網點線數]。

在 [預覽色彩設定檔] 交談窗中勾選 [色調補償]，然後選擇 [色調曲線] 或 [色階]，即可調整 [顏色值]。例如選取 [Magenta]，然後將曲線往上拉，即可加強 M 油墨。不過，關於黑色的部分，因為 CMYK 四色油墨全部都會用到，即使選取 [KeyTone] 將曲線往上拉，仍會一併增加所有版的 [顏色值]，不會將黑色集中在 K 版。

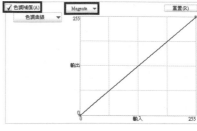

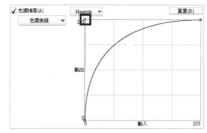

用 [黑白 2 色階] 清晰轉存的訣竅

關於 [黑白 2 色階]，在利用寫出功能之前，重新調整作業用檔案的圖層設定，可獲得更臻理想的結果。在 [圖層轉換] 面板，將主線的圖層設定為 [顯示顏色：黑白]，灰階或漸層填色的圖層設定為 [效果：網點]，之後無論選擇 [黑白 2 色階（閾值）] 或 [黑白 2 色階（網點化）] ★5.，皆可以清晰地轉存。

★5. 括弧內是針對灰色像素的處理方法。[黑白 2 色階（閾值）] 是用閾值指派白或黑，[黑白 2 色階（網點化）] 是用網點化來表現灰色的部分。不存在灰色像素時，兩者會呈現一樣的結果。

灰階

黑白 2 色階（閾值）

黑白 2 色階（網點化）

將灰階的線條圖，按照各自的設定寫出轉存。[黑白 2 色階（閾值）] 會呈現清晰的線條，[黑白 2 色階（網點化）] 會將灰色部分網點化，因此線條變得有點模糊。只有線條圖時建議選擇 [黑白 2 色階（閾值）]，同時包含線條圖與填色時，重新調整圖層設定可獲得更清晰的結果。不過，圖層數過多難以重新調整時，也可只把主線的圖層設定為 [顯示顏色：黑白]，然後在 [psd 寫出設定] 交談窗中選擇 [顯示顏色：黑白 2 色階（網點化）]。

使用 2 色分版轉存 CMYK

利用 [預覽色彩設定檔] 交談窗，也可分版成雙色印刷用[★6]。在 [預覽色彩設定檔] 交談窗中把**曲線變水平**，即可變更 **[顏色值：0%]**，將這個色版變空白（沒有任何繪圖的狀態）。以這個狀態維持 [顯示顏色：CMYK 顏色]，即可將特定色版變成空白的 Alpha 色版。

用 CLIP STUDIO PAINT 把青色版及黃色版變空白

STEP1. 執行『檢視／色彩設定檔／設定預覽』命令，在 [預覽色彩設定檔] 交談窗中設定 [要預覽的設定檔：CMYK：Japan Color 2001 Coated]，然後勾選 [色調補償]。

STEP2. 選擇 [Cyan] 後，將右上角的點往下拖曳，讓曲線變水平。

STEP3. 選擇 [Yellow] 後，將右上角的點往下拖曳，讓曲線變水平，然後按下 [OK] 鈕。

★ 6. 用這個方法分版，適合照片或具色階表現的插畫。[顏色值：0%] 的分版很容易，但是 [顏色值：100%] 的分版很難，深色也一定會網點化，因此有大範圍填色且色差明顯的插畫，無法呈現清晰的成果。如果有 Photoshop，還是用此軟體處理分版作業比較好。

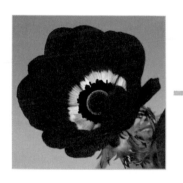

用 Photoshop 開啟，可看出青色版與黃色版變成空白。

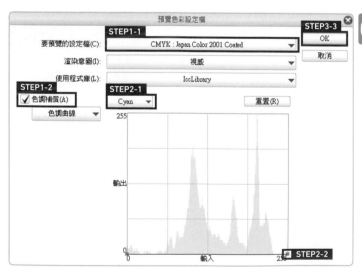
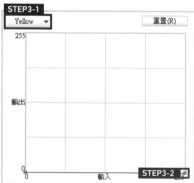

CHAPTER

5

各種類型的完稿檔案

5-1 製作書籍的書衣

書籍的書衣，是由封面、封底、書背、前後摺頁這 5 項要素所構成。書背寬度在書籍規格確認前尚無法得知 (因為會受到頁數等因素影響，頁數越多則越寬)，此時可先用暫定的書背寬度來製作。若能活用書衣的製作方式，還可製成書腰及內書封。

組合多個矩形來製作完稿線

以下將使用 Illustrator 解說製作方法。範例與本書相同，是設定為左翻橫排的軟書衣 (平裝書) 形式。首先請建立作業用的新檔案，這裡需要留意的是**工作區域的 [尺寸]**。軟書衣的情況，[高度] 大致與內頁相同，或是加上裁切標記範圍的數值★1. 即可，[寬度] 則必須等到書籍規格確定才知道正確的數值★2.。尤其是**書背寬度**，要等頁數及用紙確定後才會知道，因此倘若交件期限不那麼充裕，也可先用適當的暫定數值開始製作。書背、封面、封底若是非連續的圖案或設計，日後要改變書背寬度也沒有太大影響。

首先，建立**封面、書背、摺頁**尺寸的矩形★3.。複製封面與摺頁後，由左至右依照「封底摺頁、封底、書背、封面、封面摺頁」的順序並排。請將書背配置在工作區域的中央，然後設定為關鍵物件，再於 [對齊] 面板設定 [間距：0]，然後分別按 [水平均分間距]、[垂直居中] 鈕，讓所有矩形的高度對齊，並且相互貼齊。

★1. 這個尺寸的好處是能夠從外部看見摺線標記。

★2. 直接向印刷廠詢問尺寸是最理想的做法。以軟書衣為例，通常封面與內頁的寬度是相同的 (或是往摺頁方向增加 1mm)。摺頁會隨書的尺寸改變，如果製作時還無法確定，可先暫定 50mm 到 100mm 左右。

★3. 若把摺頁的矩形刪除，即可挪用為內書封。不過，內書封與書衣的書背寬度可能會有些許差異，此時只要改變書背的 [寬度] 即可。通常書衣的書背寬度會比內書封寬 1mm 左右。

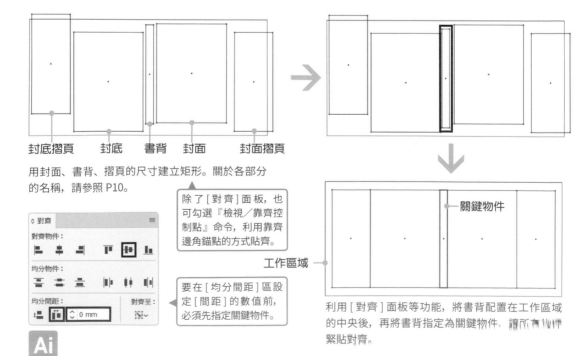

封底摺頁　封底　書背　封面　封面摺頁

用封面、書背、摺頁的尺寸建立矩形。關於各部分的名稱，請參照 P10。

除了 [對齊] 面板，也可勾選『檢視／靠齊控制點』命令，利用靠齊邊角錨點的方式貼齊。

要在 [均分間距] 區設定 [間距] 的數值前，必須先指定關鍵物件。

←關鍵物件

工作區域←

利用 [對齊] 面板等功能，將書背配置在工作區域的中央後，再將書背指定為關鍵物件，讓所有矩形緊貼對齊。

這些矩形代表書衣各構成部位的**完成尺寸**。除了最後可變成裁切標記的基準之外，還可當作裁切框、剪裁遮色片路徑，或是用作決定摺線標記位置的關鍵物件。與其製作成參考線[4]，建議維持物件型態並分別配置在不同圖層，日後運用上會方便許多。以這些矩形為基準，建立其他用途的圖層，再進行設計作業。

用矩形當作裁切框的例子。先把 [筆畫寬度]
加粗，再設定 [對齊筆畫：筆畫外側對齊]，
即可變成裁切框（方法請參照 P38）。

配合確定的書背寬度移動物件

一旦確定書背的寬度，即可配合寬度移動封面、封底、摺頁的完成尺寸（矩形）與設計（物件）。調查暫定書背寬度與確定書背寬度的差距，利用 [變形] 面板的座標和 [移動] 交談窗等功能，以正確的距離移動。

★4. 利用Illustrator的
『檢視／參考線／製作參
考線』命令，即可將物件
轉換成參考線。

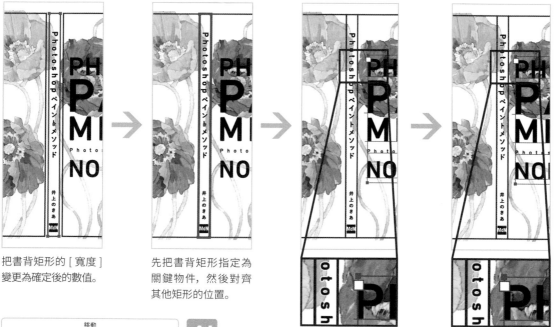

把書背矩形的 [寬度]
變更為確定後的數值。

先把書背矩形指定為
關鍵物件，然後對齊
其他矩形的位置。

調整書背左右物件的位置。若有物件鎖定就會漏選，
因此移動前請務必仔細確認。

執行『物件／變形／移動』命令，可在
[移動] 交談窗中指定移動距離。請在
[水平] 欄位輸入書背寬度的暫定數值，
以及確定數值差距的一半。

建立裁切標記與折線標記

相關內容｜用繪圖工具繪製摺線標記 P39

★5. 選取多個物件後執行『建立剪裁標記』命令，會以選取物件的整體尺寸來建立裁切標記。

四角標記與十字對位標記，是由最初建立的矩形來製作的。請選取 5 個矩形後，變更為 [填色：無]、[筆畫：無]，執行『物件／建立剪裁標記』命令，利用書衣整體尺寸建立**裁切標記**★5.。接著要在書背與摺頁的摺線位置建立摺線標記，請把矩形指定為關鍵物件，即可簡單對齊折線的位置。

選取 5 個矩形後，變更為 [填色：無]、[筆畫：無]。

書衣的裁切標記（也就是四角標記與十字對位標記），是用封面、封底、摺頁相加後的尺寸來製作。

在 InDesign 建立 5 頁式跨頁，然後用 [頁面工具] 將各頁的尺寸調整為符合書背及摺頁的尺寸，接著設定裁切標記並轉存為 PDF，即可自動添加四角標記與摺線標記。若變更書背的寬度（中間頁面的 [寬]），移動頁面時，封面及摺頁的物件也會自動移動。不過，建立書背這類 [寬] 較小的頁面時，必須執行『版面／邊界和欄』命令，把 [邊界] 設定為 [寬] 的一半以下。要轉存為 PDF 時，必須在 [一般] 分頁的 [頁面] 區勾選 [跨頁]。

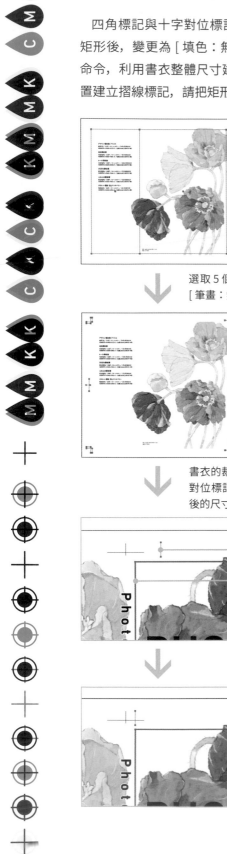
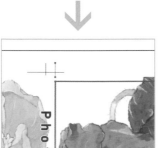

摺線標記

關鍵物件

先把封面及封底的矩形指定為關鍵物件，可方便決定書背及摺頁的摺線位置。

置入條碼

條碼的置入位置[6]，請依照規定來決定。這裡也是將書背矩形指定為關鍵物件，即可簡單對齊位置。

為了維持條碼的可讀性，背景也有其規定，例如書衣滿版配置插畫或照片時，請在條碼的下方加入往外擴增 5mm 的白底。可在 [變形] 面板調查條碼的整體尺寸，再根據整體尺寸建立依規定新增留白的矩形，再將其配置在條碼的背面並置中對齊，即可解決。

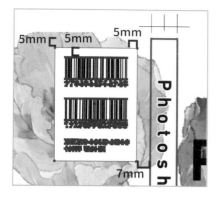

有效率地製作書腰

若要製作書腰，請盡量和書衣用相同檔案製作，待送印時再分別存檔。這麼做的好處是製作過程中可隨時確認與書衣包在一起時的狀態、能夠以疊合書腰的狀態轉存影像[7]。為了方便之後分別存檔，建議分別用不同的圖層來製作。書衣與書腰的摺線位置相同時[8]，只要變更上方摺線標記的 [Y] 值，即可再次利用書衣的摺線標記。

★6. 關於條碼的位置，請遵循出版社的規定，台灣的出版品可至全國新書資訊網的網站查詢（http://isbn.ncl.edu.tw/NEW_ISBNNet/）。

★7. 例如商品圖（書影）及電子書籍用的封面通常會需要這種圖像。

★8. 書衣與書腰的摺線位置也可能不相同。此時可調整 [X] 的數值。

書腰用的作業圖層

製作時，請把書腰設定為沒有出血的狀態，以便模擬與書衣疊合的狀態。送印時的出血添加，書腰的背景若是矩形可變更其 [尺寸]，若是置入影像則用剪裁遮色片遮蔽，再變更此剪裁路徑的 [尺寸]。

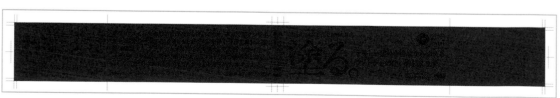

本書書腰範例是以雙色印刷呈現，因此檔案製作是將基本油墨 CMYK 中的 C 油墨暫代特色黑；另以基本油墨 CMYK 中的 M 油墨暫代特色黃。這類檔案的製作方法，請參照 P104。

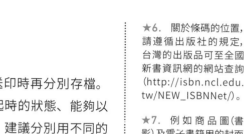

5-2 製作軋型貼紙

利用軋型加工或雷射切割等加工技術，即可製作不規則形狀的貼紙或卡片等印刷品。軋型的形狀主要是用路徑來指定。

可製作刀模線的軟體

軋型加工，有用模版裁剪紙張的加工方式，或是用刀（刃）及雷射切割機切割等各式各樣的做法，不論哪一種方式，都有個必須做的步驟，也就是要建立用來指定軋型形狀的「**刀模線**[★1.]」。

通常刀模線是用路徑來指定，這個路徑稱為「**刀模路徑**」。為了明確區別刀模路徑與其他的設計，標準作法是採取能夠保留多個圖層的 **Illustrator 格式**送印。將刀模路徑配置在獨立的圖層，[筆畫寬度]及顏色的指定若有規定請比照設定。請留意不可在刀模路徑所在的圖層置入其他物件。

如果是用 Photoshop 送印，也請將刀模路徑配置在[路徑]面板，使其與設計有所區別(編註：台灣較少支援此做法，建議先向印刷廠確認)。

用 Illustrator 製作軋型貼紙的完稿檔案

製作刀模路徑的條件，必須是一筆繪製的**封閉路徑**[★2.]，而且**沒有**像「8」一樣**交錯**。此外，建議**避免銳利切割的角度**，否則很容易發生交貨時尖端折損，或是交叉處產生切痕等問題。最好讓切線及角度平緩些，盡量使用沒有銳角的路徑，可使成果更臻完美。

製作時需要特別注意的是，刀模的裁切位置，也可能發生**偏移**的問題。設計時建議先預留 1mm 左右的偏差範圍。若設計中有不可切到的文字或重要圖案，請配置在即使偏移也不會裁到的位置[★3.]。

★1. 學會製作刀模線，除了做貼紙，還可製作特殊造型明信片、壓克力鑰匙圈等製品。

★2. 不具備端點的路徑。也可能出現乍看端點連在一起，其實只是在相同位置重疊的狀況。要明確判別路徑狀態，可在[文件資訊]面板選單設定[物件]、[只限選取範圍]，然後再選取路徑，若[路徑]顯示[開放]，表示其為開放路徑。

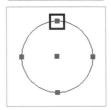

★3. 安全範圍，會隨印刷廠及裁切的精準度而改變。

KEYWORD
刀模線

別名：軋型線、軋型

指定軋型加工的裁切位置及其形狀。通常是用路徑來指定，這個路徑稱為「刀模路徑」。

用 Illustrator 製作軋型貼紙的完稿檔案

STEP1. 把物體輪廓的路徑，複製到其他圖層的相同位置[★4]，製作成刀模路徑。

STEP2. 回到原本的路徑，替物體輪廓的路徑套用『物件／路徑／位移複製』命令，把面積往外擴張。

STEP3. 調整刀模路徑的錨點，減少凹凸及銳利的切線。

★4. 執行『編輯／就地貼上』命令，或是利用[圖層]面板的 [顯示選取線條圖] 方格圖示。

請把物體輪廓的路徑複製到相同位置，製作成刀模路徑。

此物體由多個物件所構成，請將各自的輪廓路徑合併，以製作物體輪廓的路徑。

刀模路徑

刀模路徑和設計稿是在不同的圖層中製作。

[位移複製] 的數值，會成為偏移時的出血範圍。必要的寬度，會隨切割的精準度而改變。

沿著物體周圍添加輪廓線，作為出血範圍。這個範例的主設計是用即時上色功能填色的物件，因此只需要擴張輪廓的路徑，然後調整細部即可。

對於形狀複雜的路徑，或是如本例這種刀模路徑兼任輪廓時，建議用 [直接選取工具] 或是 [刪除錨點工具] 來調整細部，形狀較不容易走樣，並且更有效率。盡可能刪除不必要的錨點，讓切口變平滑。

可試著偏移刀模路徑，藉此模擬可承受的最大偏差範圍。

45°以上（60°）　45°　45°以下（30°）　45°帶圓弧

貼紙上若有銳利的切割線，會很容易折到或切到。最好調整到45°以上（角度的底限會依印刷廠而異）。角度帶點圓弧會更好。用平滑錨點構成、錨點數較少的路徑，可呈現更平滑的切口。

製作刀模路徑的小技巧

刀模路徑的形狀，愈平滑愈不容易發生問題，成品也比較漂亮。帶有尖角（轉角錨點）的路徑，可以利用 [效果] 選單的『圓角』命令使其變圓滑。不過，[效果] 選單套用的圓角終究只是模擬效果。要用作刀模路徑，送印前必須**擴充外觀**，使圓角真正反映在路徑上 ★5.。

★5. 用作刀模路徑時，利用『效果』選單套用的變形(外觀屬性)，全部都必須擴充使其反映在路徑上。

替路徑的尖角添加圓角外觀屬性

STEP1. 選取路徑，執行『效果／風格化／圓角』命令。
STEP2. 在 [圓角] 交談窗指定 [半徑]，按下 [確定] 鈕。
STEP3. 執行『物件／擴充外觀』命令。

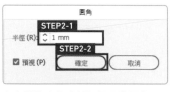

在字體的尖角處添加相同的圓角。

把透過外觀屬性添加的圓角反映到路徑上。

Illustrator CC 版本以後，也可以使用**尖角 Widget** 功能來添加圓角。此方法也可改變每個尖角的圓角 [半徑]。要利用尖角 Widget 功能，可執行『檢視／**顯示尖角 Widget** ★6.』命令，使其呈現勾選狀態。

★6. 若已經有勾選此功能，則選單內會顯示『隱藏尖角Widget』。

用尖角 Widget 添加圓角

STEP1. 用 [選取工具] 選取路徑後，選取 [直接選取工具]。
STEP2. 將游標移置其中一個尖角 Widget 上，然後拖曳即可調整。

——尖角 Widget

切換成 [直接選取工具] 即可顯示尖角 Widget。依序切換 [選取工具] 與 [直接選取工具]，將尖角 Widget 全部選取後拖曳，即可替所有的尖角添加圓角。

用 [直接選取工具] 選取特定的尖角，可以只替特定尖角添加圓角。利用尖角 Widget 變形，就不需要擴充外觀或展開路徑。

刀模路徑的錨點過多時，切口會呈現鋸齒狀。此時請用 [**平滑工具**] 沿著路徑拖曳，即可減少錨點 ★7.。或是也可執行『物件／路徑／**簡化**』命令來減少錨點。利用工具或選單，可在不破壞原始路徑外觀的情況下減少錨點。

★7. 直線上的錨點，也可用 [刪除錨點工具] 或[控制]面板的 [移除選取的錨點] 鈕刪除。

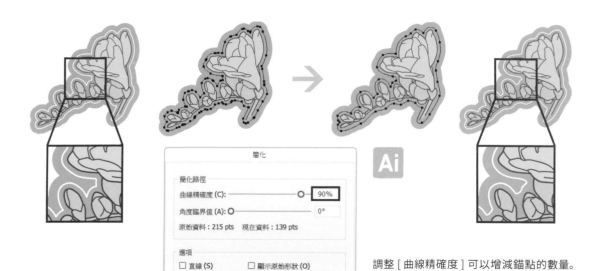

調整 [曲線精確度] 可以增減錨點的數量。若設定值太低可能會破壞原形。要減少錨點同時保留原形，大概要 [90%] 以上。不過若接近 [100%]，可能反而會增加錨點。

用 Photoshop 製作刀模路徑

★8. 有些印刷廠無法支援用Photoshop路徑製作的刀模路徑，建議先向印刷廠洽詢。

Photoshop 可以**將選取範圍轉換為路徑**。利用這個功能，即可製作刀模路徑★8.。要建立平滑路徑的錨點，可以利用 [製作工作路徑] 交談窗中的 **[容許度]** 來調整。

[解析度：350ppi] 的情況，2mm ＝ 28pixel。[擴張選取範圍] 交談窗中可以設定的單位只有像素，若想要以公釐為單位來指定，則需換算

建立物體輪廓的選取範圍。想要如同此範例般增加留白範圍時，可先執行『選取／修改／擴張』命令擴張路徑，再執行『選取／修改／平滑』命令減少繁瑣的凹凸。將此選取範圍轉換為路徑，即可建立刀模路徑。

若是按下 [路徑] 面板的 [從選取範圍建立工作路徑] 鈕轉換為路徑，則不會顯示此交談窗顯示，因此無法做細部調整。

利用 [路徑] 面板選單的『製作工作路徑』命令轉換為路徑，可透過 [容許度] 來調整錨點的數量。預設的 [1 像素] 很可能會產生過多的錨點。

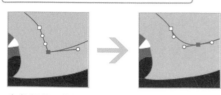

尖角部分，最好用 [直接選取工具] 或 [轉換錨點工具] 等工具先處理成平滑狀。

轉換後即可變成工作路徑。要用作刀模路徑時，請從 [路徑] 面板的選單執行『儲存路徑』命令，將其轉換為一般的路徑。

5-3 製作紙膠帶

以前要委託專門的業者才能生產有圖案的膠帶，現在由於軟體普及，個人在家中也可以自行製作，其中最具代表性的便是紙膠帶產品。若能徹底掌握四方連續圖的製作方法，即可製作出滿版設計的紙膠帶。

製作紙膠帶的難度依出血的有無而異

設計有圖案的紙膠帶，圖案反覆的**最小單位長度**、可製作的**膠帶範圍**、上下**出血的有無**，這些規格在每間印刷廠都不盡相同。因此有些印刷廠會提供可配置最終設計的送印**樣版**。

通常如果配合的印刷廠能設定上下出血[★1]，則送印時只需要留意左右的連續圖樣，比照單頁印刷品的作法即可製作完稿檔案。不能設定出血時，則必須做成上下左右四方連續的設計。

★1. 有圖案的紙膠帶，出血範圍大多會比一般印刷品更小。

原創的紙膠帶樣版〔15mm 寬〕

長度 200mm

拉取方向

▢ 紅框內會成為完成尺寸　　▢ 請用此藍框設計

原創的紙膠帶範本〔15mm 寬〕

長度 200mm

拉取方向

▢ 紅框內會成為完成尺寸　　▢ 不想切到的文字請配置在藍框內側

有出血

可設定上下出血的樣版例。與單頁印刷品相同，設計可達出血範圍。此設計的最小單位是 19mm（包含 15mm ＋上下各出血 2mm）× 200mm。

沒有出血

不可設定上下出血的樣版例。只可在完成尺寸的內側設計。此設計的最小單位是 15mm × 200mm。若物件位置逼近上下邊界，可能會受到裁切偏差的影響。

👁	▢ 樣板（請不要變更）	○	
👁	▢ 請在此圖層設計	○	

Ai

有些樣版也會指定設計所在圖層。

用來指定完成尺寸或出血範圍的矩形與筆畫，透過調查即可判斷其位置與尺寸，但也可能遇到已鎖定或參考線化的物件。對這類物件，可執行『物件／全部解除鎖定』命令解除鎖定，或是執行『檢視／參考線／釋放參考線』命令讓參考線化的物件回復成一般物件，即可選取。

可設定出血的情況

上下的出血寬度，會隨印刷廠而不同，請確認完稿須知或樣版。要製作左右的無接縫連續圖樣，在 Illustrator 可利用**移動複製的外觀屬性**製作、在 Photoshop 則可利用**智慧型物件**，一邊模擬一邊製作[★2]。

用 Illustrator 的外觀屬性製作連續圖樣

STEP1. 按下 [圖層] 面板的目標圖示[★3]，執行『效果／扭曲與變形／變形』命令。
STEP2. 在 [變形效果] 交談窗 [移動] 區的 [水平] 輸入最小單位的 [寬度]，接著設定 [複本：1]，然後按下 [確定] 鈕。
STEP3. 移動物件調整左右的接縫，然後群組化。
STEP4. 將圖層的外觀群組化後移動，再執行『物件／擴充外觀』命令。
STEP5. 建立出血尺寸的矩形，然後建立剪裁遮色片。

★2. 這裡介紹的方法，是有效製作連續圖樣的方法之一，但並非一定得這麼做。

★3. 替圖層設定外觀屬性，即可反映到圖層內的所有物件上。若把外觀群組化，即可輕鬆選取物件。

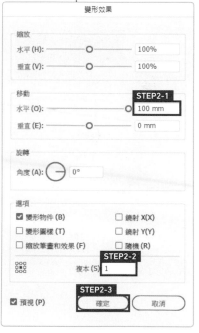

變形效果

縮放
水平 (H): ——○—— 100%
垂直 (V): ——○—— 100%

移動　　　　　　　　　　　**STEP2-1**
水平 (O): ——○　　　　100 mm
垂直 (E): ——○—— 0 mm

旋轉
角度 (A): 　0°

選項
☑ 變形物件 (B)　　　☐ 鏡射 X(X)
☐ 變形圖樣 (T)　　　☐ 鏡射 Y(Y)
☐ 縮放筆畫和效果 (F)　☐ 隨機 (R)
　　　　　　　　　STEP2-2
　　　　　　複本 (S) 1

☑ 預視 (P)　　**STEP2-3**　確定　　取消

這個範例中，設計的最小單位是 [寬度：100mm]。作為接續圖案的左側物件，刻意使其稍微超出版面。

> 按下目標圖示，可將圖層指定為套用外觀屬性的對象。

目標圖示

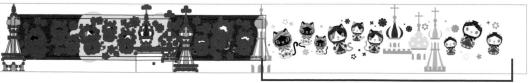

利用外觀屬性複製的部分

> 若移動物件，複製出來的部分也會立即隨之變更。建議一邊檢視整體的平衡，一邊調整接續處及其他部分的密度。

圖層設定的外觀屬性，一旦把物件複製貼上到其他檔案中即會消失。因此，在調整好接續處之後，請把圖層內的物件群組化。

將游標移至圖層的目標圖示上，然後拖曳到群組上，即可移動外觀。

用剪裁色片遮蔽超出的部分。把這個物件放入樣版中即可送印。

用 Photoshop 的智慧型物件 (連結影像) 製作連續圖樣

STEP1. 建立添加了最小單位接縫的檔案 A，然後進行設計。

STEP2. 建立最小單位的 2 倍 [寬度] 的檔案 B，然後執行『檔案／置入連結的智慧型物件』命令，在交談窗中選擇檔案 A，接著按下 [置入] 鈕。

STEP3. 在 [控制] 面板設定 [參考點位置：左上角]，在 [X] 輸入添加「－(負數)」的接縫處「寬度」，然後按下 [確認變形] 鈕。

STEP4. 複製連結影像後，執行『編輯／變形／縮放』命令★4，再比照 STEP3，用 [控制] 面板配置在正確的位置★5.

STEP5. 回到檔案 A 調整接縫處的設計後存檔，再切換至檔案 B 確認結果。

STEP6. 重複 STEP5 的操作，確認接縫處精準連接後，執行『影像／版面尺寸』命令，維持 [錨點：中央]，然後把 [寬度] 變更為一半。

★4. 執行『編輯／變形』命令的任一個子選單命令，即可在[控制]面板指定座標。

★5. 在 [X] 輸入最小單位 [寬度] 減去接續處 [寬度] 後的數值。

接縫處

最小單位＋接縫處 (檔案 A)

這個範例是以最小單位的 [寬度] 100mm、接縫處 40mm 來製作。

最小單位

參考點

按住 [Ctrl(control)] 鍵後於輸入欄位按下右鍵，即可變更單位。

確認變形

 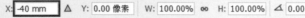

X: -40 mm　　Y: 0.00 像素　　W: 100.00%　　H: 100.00%　　0.00　度　　消除鋸齒

接縫處配置在超出版面的位置。

連結影像 (檔案 A)

最小單位的 2 倍 (檔案 B)

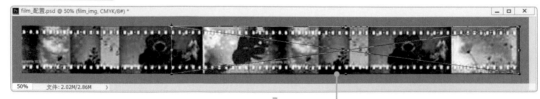

複製出來的連結影像 (檔案 A)

連結影像 (檔案 A)

把這個影像置入樣版中即可送印。智慧型物件可能會造成輸出問題，因此送印前請將影像平面化。

不可設定出血的情況

不可設定出血時，必須要上下左右都設計接縫處。此時，一樣活用 Illustrator 的外觀屬性與 Photoshop 的智慧型物件，可更有效率地作業。

實際的製作工程，是將最小單位的設計無接縫並排後印刷，然後裁切出膠帶的範圍。因此設計時在上下預留 2mm 左右的緩衝範圍，做為裁歪時的變通措施。

用 Illustrator 製作時，用外觀屬性完成左右的接續後，再次執行『效果／扭曲與變形／變形』命令，在 [變形效果] 交談 [移動] 區的 [垂直] 輸入最小單位的 [高度]，然後設定 [複本：2] 讓上下相連。

用 Photoshopr 製作時，替左頁的檔案 A 也添加上下接縫處的 [尺寸]，檔案 B 用最小單位的 2 倍 [尺寸] 製成，再將檔案 A 分別配置在檔案 B 的正確位置。調整接縫處，然後把版面變更為最小單位。

製作上下左右連續圖案的必要技巧，與製作Illustrator的圖樣色票相同。若能製作四方連續的圖樣色票，即可設計沒有出血的圖案紙膠帶。

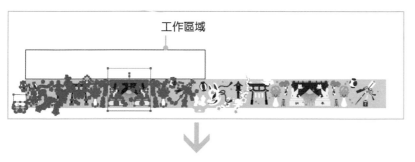

工作區域

把工作區域設定為與最小單位相同的尺寸，可以工作區域的邊界為基準進行作業。讓工作區域剛好符合最小單位的設計尺寸，把物件配置在工作區域之外是訣竅所在。

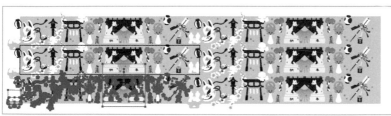

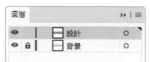

與 P199 相同，可在作業過程中替圖層設定外觀屬性，然後群組化，再移動該群組。

根據完稿檔案的指定裁切後的狀態（左），以及裁歪時的狀態（右）。
即使偏掉 1、2mm 也不會感到不協調，是能因應各種狀況的設計。

201

5-4 利用活版印刷

如果能理解 P110 用單一黑色製作完稿檔案的技巧，即可活用該技巧來製作活版印刷的完稿檔案。必須留意不可使用 [K：50%] 等的灰色，以及要避免容易破損或磨損的細線及細小文字。

活版印刷的結構

活版印刷是用活字編排，或是用金屬或樹脂製版，再將油墨沾附其上，並轉印到紙上的印刷方式。在 P26，已經以印章為例來說明過印刷技術，活版印刷就類似印章的原理。15 世紀時發明的印刷技術，長期位居印刷的主流，不過隨著 1980 年以後平版印刷的普及，已逐漸不再使用。近年來，印面的凹痕及磨損感所醞釀出的懷舊氛圍及高格調重新受到注目，同時也拜手工藝風潮所賜，讓活版印刷品再次挾帶人氣回歸復活。

製作活版印刷完稿檔案的注意事項

基本上，活版印刷的完稿技巧與 P110 用單一黑色製作完稿檔案相同，其沾附油墨的部分是黑 [K：100%]，不沾附油墨的是白 [K：0%][1]。而與 P110 不同的是，**不可使用灰色（[K：50%] 或 [K：10%] 等顏色）**，再者，由於完稿中的細線與細小文字容易在印刷時破損或磨損，因此必須設定比其他印刷方法更高的底限。此外，活版印刷基於成本考量，大多不會印刷到貼近完成尺寸的邊界[2]，通常會讓設計中預留完成尺寸往內約 3mm 的留白。至於完成尺寸的指定，只要有建立裁切標記就沒有問題。

★1. 完稿檔案適合的 [色彩模式] 是 [CMYK色彩、[灰階]、[點陣圖]。不過，關於 [CMYK色彩] 與 [灰階]，請留意不可使用黑 [K：100%] 與白 [K：0%] 以外的顏色。利用此完稿檔案製作出類似印章的版，其黑色部分是沾附油墨的凸面，白色部分是不會沾附油墨的凹面。

★2. 雖然也可印刷到出血範圍後再行裁切，但是這種情況下，必須將裁切標記也加入版內，會增加這個面積的製版費用。設計內容不超過完成尺寸，製版後印刷在完成尺寸的紙張上，這麼做可以減少成本，因此現實中大多採用此方法。

3mm 左右的留白
K：100%

完成尺寸（工作區域）

字級是 6pt 以上
[筆畫寬度] 是 0.5pt 以上

※ 字級與 [筆畫寬度] 的底限是大概的標準，可能隨版的素材而改變。此外，這些設定的底限與規定也會隨印刷廠而改變，建議事前洽詢印刷廠。

| 只有線條 | 有填色 | 填色面積廣 | 有漸層 | [K：100%] 以外 |

替具緩衝性的紙施加壓力印刷，追求印面的凹陷效果時，最好只有線條。小面積色塊也可獲得不錯的成果。大面積雖然也可以印刷，但是效果並不顯著。此外，大面積也容易發生斑點或擦痕，這點也須留意。

使用照片時的做法

如果是照片及插畫等點陣圖像，也可用作完稿檔案。此時的 [解析度]，是比一般完稿檔案高的 800ppi，包含文字的情況及照片則設定 1200ppi。建議利用調整圖層★3.，把構成圖像的像素變成只有黑色 [K：100%] 與白色 [K：0%]★4.。

把照片或具色階表現的插畫轉換為 [色彩模式：點陣圖] 時，建議在轉換時選擇 [使用：半色調網屏]，然後指定 [網線數] 使其網點化。無法直接用作完稿檔案的漸層或灰色塊，利用此方法網點化後即可使用。

★3. 要把點陣圖像轉換為黑白影像時，可利用 [黑白] 調整圖層、『影像／調整／黑白』命令、或是轉換為 [色彩模式：點陣圖] 等方法。

★4. [色彩模式：點陣圖] 的漫畫原稿，也可直接用作完稿檔案。

執行『影像／模式／灰階』命令轉成灰階後，執行『影像／模式／點陣圖』命令，選擇 [使用：半色調網屏]，接著在交談窗中指定 [網線數] 即可網點化。[網線數] 若設定低一點，可得到普普風的效果。照片若直接做轉換，根據照片的內容，也可能會出現物體消失的情況。建議事先用影像調整來增加物體與背景對比等處理。

| 1200ppi（原寸） | 100line／inch |

| 完成影像調整 | 100 直線／英吋 | 60 直線／英吋 | 20 直線／英吋 |

關於適當的 [網線數] 及網點密度，建議向印刷廠確認。

5-5　製作燙印的完稿檔案

燙印的完稿檔案，可運用活版印刷的做法來製作。兩者的共通點都是使用金屬的版，用黑、白2色來製作。若是不透明的箔，建議在箔的背面填滿圖案，可讓成果更臻完美。

關於燙印及其完稿檔案

　　所謂的燙印★1.，是使用金屬的版，將片狀的箔★2. 加熱轉印到紙上的印刷技術。燙印也好活版印刷也好，其完稿檔案都是為了用來製作金屬的版。燙印用完稿檔案的製作方法與注意事項，與活版印刷幾乎相同★3.。

　　如果只有單純做燙印，則與活版印刷相同，燙印的部分用黑 [K：100%] 製作。若要在彩色印刷品上燙印，雖然也是用 [K：100%] 指定，但是因為其他不需要燙印的部分也可能會用到這個顏色，為了避免混淆，請將燙印的部分整合到**獨立的圖層**。燙印部分與其他部分是以相同檔案送印，或是以不同檔案送印，請遵循印刷廠的指示。

★1. 因為是用熱轉印，因此也稱為「熱轉印」。

★2. 把金屬壓薄拓展而成的箔（編註：很久以前的確是用金或銀來製作燙金，現今燙金已被電化鋁所取代。燙金箔多為成捲的薄膜，主要成份為電化鋁與塗料來控制金箔的顏色）。

★3. 字級與 [網線數] 的底限，請洽詢印刷廠。燙印的完稿技巧也可應用於在打凸加工等使用金屬板的特殊印刷上。

燙印的面積

燙印版

Ai

通常，燙印的費用會隨面積變動。面積愈小成本愈低，建議集中配置，若距離較遠最好分成2塊版。這個範例，封面與書背的距離近，因此集中在一塊版即可。另外，燙印費用會隨面積變動，這點活版印刷也一樣。

燙印與其他設計放在相同檔案送印時，燙印的設計請配置在獨立的圖層中。

製作輸出範本

因為燙印部分是用 [K：100%] 指定，所以若將此影像直接轉存為輸出範本，也不容易看出燙印的範圍及位置。尤其是彩色印刷要燙印時，更加難以辨識。送印時，建議附上用簡單的漸層只是出燙印部分的範本，這有助於突顯出燙印的位置。這個範本也可以活用於商品圖。

將燙印部分設定漸層製成的範本。到印刷品完成前也可用作暫時的商品圖。

讓成果更臻完美的小技巧

燙印與使用基本油墨 CMYK 或特別色油墨的印刷屬於不同的工程，因此對位精確度多少會下降。若是使用不透明的箔★4.，建議在箔的背面填入與背景相同的顏色，或是配置在背面的影像不要去底色，可防止位置偏移時露出紙張的白底。另外，若是使用透明的箔★5.，在製作完稿檔案時則必須考量到可能會有透出背景的狀況。

★4. 這裡是指金箔、銀箔或彩色箔等燙印。

★5. 例如透明雷射箔（Holographic foil）與珍珠箔。

燙印版（上）與 CMYK 版（下）。背景影像不把箔的部分去底色，則即使箔的位置稍微偏差，也不會露出紙張的白底。

> 不過，可使用此方法的狀況僅限於不透明的箔。

箔　輪廓

黑色部分就是箔。中空狀的輪廓，一旦箔的位置有偏移，會露出背景或紙張的底色。

輪廓的內側也上色，這樣一來即使箔的位置有些許偏差，也不會露出背景或紙張的底色。

5-6 製作縮小尺寸的重製本

如果是送印漫畫或同人誌作品，其中通常會使用到網點。然而有網點的影像在印刷時，經常會發生摩爾紋 (干擾紋) 等狀況。製作縮小尺寸的書籍重製本時，也特別容易產生摩爾紋，請務必格外留意。

縮小漫畫原稿時的注意事項

要把過去發行的同人誌製成縮小尺寸的重製本時，可以利用原稿送印，直接委託印刷廠★1. 變更尺寸。然而在縮小漫畫原稿時，網點很可能會出現**摩爾紋**★2.，比起自行處理，委託專業的印刷廠較能降低摩爾紋的發生機率。

配合重製尺寸重新轉存

CLIP STUDIO PAINT 具備變更尺寸後寫出的功能，用來製作重製版完稿檔案相當方便。[psd 寫出設定] 交談窗的 [輸出尺寸] 區，可利用 [縮放率]、[尺寸]、[解析度] 來變更尺寸。此外，還可從中開啟 **[顏色詳細設定] 交談窗**，指定是否要讓網點的 **[網點線數]**，根據縮放率變更。

若選擇 **[依輸出倍率]**，[網點線數] 會根據縮放率變更；若選擇 **[按照圖層設定]**，則會以圖層設定的 [網點線數] 轉存。無損原始原稿的是 [依輸出倍率]，但縮小後的 [網點線數] 會變得比實際線數還高，因此當原稿的 [網點線數] 設定較高，或是用較高的縮小比例★3. 變更尺寸時，會很容易發生摩爾紋。[按照圖層設定] 可降低摩爾紋發生★4.，針對縮小後的主線，改變網點尺寸與密度的平衡，即可大幅改變印象。兩者各有優缺點，建議根據原稿的狀態下判斷。

★1. 有處理漫畫同人誌經驗的印刷廠，大多具備變更尺寸與處理摩爾紋的知識。製作前最好在印刷廠的網站確認，或是直接洽談。不過，發現摩爾紋後要處理或是繼續進行，請遵照印刷廠的方針。另外，也有經過處理仍無法避免的摩爾紋。

★2. 摩爾紋是當規律並排的點或線反覆重疊時，相互干擾而產生的圖樣。網點的摩爾紋，除了重疊上不同 [網點線數] 的網點時會發生，本身帶有網點的網紋，在印刷最終工程網點化時也可能會發生。

★3. A4→A5(約 縮 小 70%)、A4→B6(約縮小 61%)等。

★4. 無法完全迴避。

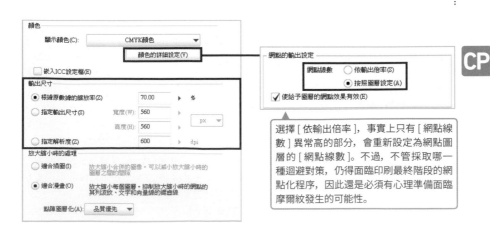

選擇 [依輸出倍率]，事實上只有 [網點線數] 異常高的部分，會重新設定為網點圖層的 [網點線數]。不過，不管採取哪一種迴避對策，仍得面臨印刷最終階段的網點化程序，因此這還是必須有心理準備面臨摩爾紋發生的可能性。

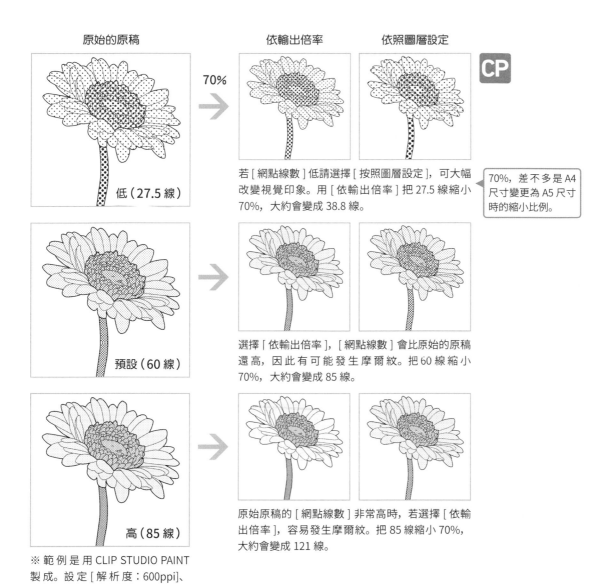

原始的原稿　　　　　依輸出倍率　　　　依照圖層設定

70%

CP

低（27.5 線）

若 [網點線數] 低請選擇 [按照圖層設定]，可大幅改變視覺印象。用 [依輸出倍率] 把 27.5 線縮小 70%，大約會變成 38.8 線。

> 70%，差不多是 A4 尺寸變更為 A5 尺寸時的縮小比例。

預設（60 線）

選擇 [依輸出倍率]，[網點線數] 會比原始的原稿還高，因此有可能發生摩爾紋。把 60 線縮小 70%，大約會變成 85 線。

高（85 線）

原始原稿的 [網點線數] 非常高時，若選擇 [依輸出倍率]，容易發生摩爾紋。把 85 線縮小 70%，大約會變成 121 線。

※ 範例是用 CLIP STUDIO PAINT 製成。設定 [解析度：600ppi]、原寸刊登。

包含不同屬性之影像的 PDF 檔

使用 InDesign，也可製作 [點陣圖] ＋ [600ppi] 的漫畫原稿、[灰階] ＋ [350ppi] 的黑白插畫，這類 [色彩模式] 及 [解析度] 不同的影像並存的 PDF 檔案。在 [轉存 Adobe PDF] 交談窗的 [壓縮] 分頁★5. 設定 [不要縮減取樣]，可維持畫質地轉存。不過，影像若包含網點，置入後一旦變更縮放比例，可能會產生摩爾紋，因此請盡可能以原寸置入★6.。

★5. 關於 [壓縮] 分頁請參照 P152。

★6. 印刷的最終階段仍會面臨網點化程序，因此原寸也可能發生摩爾紋。此外，即使是相同的 [網點線數]，仍會隨各頁內容的不同而讓情況改變，即使用特定頁面確認校正印刷，也不代表其他頁面就不會發生摩爾紋。

Id

[色彩模式：點陣圖] 的情況，即使在 [轉存 Adobe PDF] 交談窗設定縮減取樣，也不會產生灰色的像素。此外，[若影像解析度高於] 無法設定低於 [1200ppi] 的數值，因此可維持一定程度的畫質。

作　　者／井上のきあ

翻譯著作人／旗標科技股份有限公司

發 行 所／旗標科技股份有限公司

　　　　　台北市杭州南路一段15-1號19樓

電　　話／(02)2396-3257(代表號)

傳　　真／(02)2321-2545

劃撥帳號／1332727-9

帳　　戶／旗標科技股份有限公司

監　　督／陳彥發

執行企劃／蘇曉琪

執行編輯／蘇曉琪

美術編輯／陳慧如

中文版封面設計／陳慧如

校　　對／蘇曉琪

───────────────────────

新台幣售價：560 元

西元 2023 年 3 月初版 6 刷

行政院新聞局核准登記-局版台業字第 4512 號

ISBN　978-986-312-611-9

國家圖書館出版品預行編目資料

為什麼印出來變這樣？ 設計師一定要懂的印前設定知識
/ 井上のきあ / 著、謝蕎鎂 /譯、海流設計 / 審訂
臺北市：旗標, 2019.11　面；　公分

ISBN 978-986-312-611-9 (平裝)

1.數位印刷 2.平面設計 3.電腦排版

477.029　　　　　　　　　　　108017009